맨살로
키워라

토니 루스 · 나이리 루스 지음 | 김예녕 · 이현정 옮김
경희의대 소아청소년과 배종우 교수 감수

| 감사의 말 |

이 책을 내기 위해 조사를 하는 동안 시간을 내 주신 저명한 전문가들과 아기의 부모님들께 무한한 감사를 드린다. 처음 '맨살로 키워라(원제: The Miracle of Kangaroo Mother Care)'를 구상하는 시점부터 받은 격려와 지지는 정말 놀라웠다.

우리의 연구를 믿고, 그 내용을 널리 전하는 등 여러모로 힘써 주신 세계 각국의 모든 분께도 깊은 감사를 전한다. 특히 '캥거루 마더 케어' 육아법을 열성적으로 믿고 따라 주신 수많은 부모들이 없었더라면 오늘 이 책이 존재하지 않을지도 모른다.

연구자 입장에서 많은 분의 도움에 의존했다. 그분들이 있었기에 이 놀랍고도 흥미로운 책을 펴낼 수 있었다. 연구와 출간 과정을 통해 새롭게 쌓은 모든 인간관계에도 많은 빚을 지고 있다고 믿기에, 앞으로도 '캥거루 마더 케어'라는 영역을 통해서 그 관계를 더욱 돈독히 하고자 노력할 것이다.

책 출간을 현실로 만드는 데 지대한 공헌을 한, 함께 일한 모든 팀원에게도 감사한다. 이들은 우리에게 영감을 주고 우리가 하는 일에 귀 기울여 주었다. 특히 유능한 편집자인 PowerProof LLC의 칼 리바이^{Carl Levi}, 우리의 '절친'이자 뛰어난 사회적 마케터인 수잔 카밀^{Suzanne Camille}과 헤일리 윌슨^{Hayley Wilson}, 우리에게 큰 영감이 된 줄리 르윈^{Julie Lewin}에게 감사를 전한다. 모두 참 대단한 분이다! 감사를 드린다.

서던 크로스 대학^{Southern Cross University}에서의 실험 활동 연구에서, 전직 강사였던 밥 딕^{Bob Dick} 박사의 지도와 후원에도 감사를 드린다.

또한 이 놀라운 육아법을 사람들과 나눌 수 있게 해 주신 하나님께 감사를 돌린다. 이 책에 담긴 이야기를 읽으면서 이 육아법에 대한 인식이 생겨나고, 계속해서 회자되기를 바란다.

캥거루 마더 케어는 세상의 모든 부모와 아기를 위한 육아법이다.

끝으로, 우리와 함께 이 놀라운 여행을 함께 하려 시간을 내준 독자 여러분께도 감사의 말을 전하고 싶다.

토니 루스, 나이리 루스

| 책머리에 |

게이트와 데이빗 오그
'죽다 살아난 아기, 전 세계가 놀라다'의 주인공

당신이 지금 돌보고 있는 아기의 안전과 생존, 완벽한 행복을 보장하는 데 진정으로 관심 있는 사람이라면, 이 책을 끝까지 읽어야 할 것이다. 당신이 부모이건, 예비 엄마나 예비 아빠이건, 의료계 종사자이건, 올해 단 한 권의 책만 읽을 계획이라 할지라도 이 책을 읽기를 진심으로 바란다.

역사를 살펴보았을 때, 강한 사랑이 담긴 기적적 치유의 손길이 없었더라면 살지 못했을 신생아가 많았다. 캥거루 마더 케어는 1979년에 탄생했지만, 이 요법의 근원은 고대로 더 거슬러 올라간다. 이 육아법은 부모의 몸으로 아기에게 전해 줄 수 있는 최고의 선물이다.

캥거루 마더 케어는 수많은 장점과 효과를 인정받아 2002년에 미국 국제 개발처USAID와 세이브 더 칠드런Save the Children의 후원을 받기 시작했다. 그 이후로 이 육아법은 많은 신생아의 생명을 구했다. 또한 2003년에는 세계보건기구(WHO World Health Organization)에 의해 모든 신생아를 위한 효과적인 치료 요법으로 승인되었다.

캥거루 마더 케어를 남아프리카에 처음 도입한 의사인 닐스 버그만 박사는 의의가 큰 경이적인 연구를 수행했다. 인큐베이터 대신 이 육아법으로 돌본 미숙아는 인큐베이터에 있었던 아기에 비해 하루 30g만큼의 체중이 증가할 수 있다고 밝혀졌다. 이는 일반적인 인큐베이터 치료법의 세 배에 달하는 수치다. 또 다른 장점은, 사랑하는 사람의 품에 안겨 있을 때 아기가 덜 울기 때문에 성장 억제 호르몬과 같은 스트레스 호르몬을 적게 분비한다는 점이다. 그 결과 미숙아에게서 흔히 나타나는 뇌출혈이 적게 발생한다. 이 육아법의 장점은 이외에도 셀 수 없이 많다고 한다.

오늘날 세계의 많은 부모는 신생아, 특히 미숙아 및 저체중으로 태어난 아기에게 따뜻한 온도, 먹을 것, 사랑을 이 육아법과 같은 전통적인 방식으로 주는 것이 그리 쉽지 않다는 것을 안다. 당신 또한 그럴 것이다. 그렇다 하더라도 우리가 말하고자 하는 바를 알아주었으면 한다.

우리 부부는 이 육아법의 효과에 대한 산증인으로서 우리 아기를 다시 살게끔 한 것이 전적으로 이 케어의 힘이었음을 믿어 의심치 않는다. 아기의 상태가 모든 희망이 사라진 것만 같다면, 그 순간에 가장 효과적인 방법은 자연과 가까운 육아법으로 생명을 불어넣는 것이다. 이것이 바로 이 책에서 함께 나누고자 하는 핵심적인 메시지이며, 당신이 부모로서 또는 의료인으로서 꼭 알아 두어야 할 점이다.

아기에게 이 육아법을 실행하는 것은 자궁 안에 있었을 때와 똑같은 상태를 경험하게 해 주는 것이라고 하겠다. 아기가 사랑하는 부모의 심장 박동을 느끼면서 그 조그만 귀로 부모가 달래 주는 목소리를 듣는 것. 그러는 동안 따뜻함과 보호를 느끼면서 영양을 섭취하는 것. 아기를 위해서 이보다 더 좋은 게 있을까?

이 책이 주장하는 바와 같이, 캥거루 마더 케어는 미숙아이건, 저체중아이건, 열 달을 채워 태어난 정상아이건, 모든 신생아를 돌보는 데 혁명적인 육아법이라 할 수 있다.

캥거루 마더 케어의 본질은 그 자연스러운 단순함에 있다. 신생아가 자궁 안에서 있었을 때와 비슷하게, 이제는 부모의 몸 위에서 돌봄을 받는 것이다. 이 케어는 안전하고 효과적이며, 아기와 엄마뿐만이 아닌 다른 가족 구성원 모두에게도 도움이 된다고 확신한다.

이 책의 저자들은 캥거루 마더 케어를 시행했던 부모들과 세계적 권위의 임상 전문가들의 경험을 토대로 한 충분한 연구 결과를 소개하고 있다. 이 내용은 사람들의 관심을 유발하고, 나아가 세상을 변화시킬 수 있을 만큼 굉장히 의미 있는 결과물이다. 이 책에 소개된 부모들의 이야기에 몰입하는 순간, 당신은 마치 바로 옆에서 그들의 경험을 함께 체험하는 것 같은 느낌을 받게 될 것이다. 이 놀라운 이야기를 끝까지 읽으면 당신도 사랑하는 아기에게 오랫동안 이어진 이 기적적인 육아법으로 좋은 결과를 체험할 수 있음을 확신할 것이다.

결론은 이것이다. 데이빗과 나는 사랑하는 아기에게 더 좋은 것을 해주고 싶은 모든 부모와 의료진에게 이 특별한 책을 강력히 추천한다. 캥거루 마더 케어에 대한 놀라운 성공 사례들은 계속해서 논의되고 공유되어야 한다. 이 케어는 그냥 효과가 있는 정도가 아니라 육아에 필수적이다. 그 증거는 당신이 이제부터 읽는 동안 감동을 받게 될 매우 친근한 이야기 속에 있으며, 나아가 우리 모두의 삶 속에 생생히 살아있음을 깨닫게 될 것이다.

이 책에서 얻은 값진 지식을 최대한 이용하여, 아기를 꼭 안아 주고 사랑해 주자. 나는 그것이 아기의 생명을 구하는 방법이 될 수도 있으며, 아기가 가진 최고의 잠재력까지 발달시켜 줄 것이라고 믿어 의심치 않는다.

우리 부부는 우리 아기의 생명을 구해 준 캥거루 마더 케어에 깊은 고마움을 느낀다. 캥거루 마더 케어와 이를 다룬 이 책은 공간을 초월하여 모든 부모들과 신생아들에게 주어진 값진 선물이다.

희망찬 기쁨이 늘 함께하기를 바라며.

배종우

경희대학교 의과대학 소아청소년과 교수(신생아학 전공)
강동 경희대학교병원 신생아중환자실장
대한신생아학회 회장

| 추천의 글 |

우리나라는 지금 신생아 출생이 감소하는 문제에 당면했다. 한마디로 저출산의 시대다. 그런데 출생 수가 줄어드는 것에 비해 미숙아의 빈도는 증가 추세를 탔다. 이것은 일본, 미국, 유럽과 같은 선진국도 마찬가지다.

우리나라는 1980년대부터 이런 미숙아를 관리하기 위한 신생아 집중 치료실을 만들기 시작했다. 그 이후로 미숙아를 포함하는 고위험 신생아 관리에 노력을 기울여, 2009년도 전국 통계를 보면 출생 체중 1.5kg 미만의 극소 저체중 출생아의 생존률이 86%에 도달할 정도로 괄목할 만한 발전을 이루었다. 이 발전에는 인력, 장비, 의술, 약제의 도움이 큰 역할을 했다.

그런데 이런 의료인의 노력, 장비 약제의 발전과 더불어 또 한 가지 큰 역할을 한 것이 있다. 미숙아를 돌보는 데 있어서 모자 유대를 갖게 하는 치료다. 이것에는 모자 동실, 모유 수유 등이 있는데, 더 중요한 것은 이 책의 주 내용인 '캥거루 마더 케어'라고 할 수 있다.

캥거루 마더 케어는 1979년 콜롬비아의 보고타에서 처음 시작된 것으로, 당시 그곳에는 의료시설이 낙후해서 보육기 치료가 필요한 미숙아들을 전부 수용할 보육기가 부족했다. 두 세 명을 한 보육기에 두어야 할 형편이었다. 이로 인해 감염이 자꾸 생기고 아기가 사망하는 경우가 많았다. 그래서 엄마의 가슴에서 아기를 키우는 캥거루 마더 케어가 처음 시작되었다. 그런데 그 결과가 우수하여, 세계적인 주목을 받고, 전 세계적으로 확산되었다. 이를 인정한 세계보건기구는 2003년 캥거루 마더 케어 가이드라인을 제정해서 전 세계적인 확산에 노력하고 있다.

이 책은 국제적으로 캥거루 마더 케어 보급에 앞장서고 있다. 이 분야에서 세계적인 권위자인 토니 루스와 나이리 루스가 이 육아법의 우수성을 알리기 위해, 어려운 여건 속에서도 케어를 실천한 엄마와 의료인의 사례를 책으로 엮었다. 캥거루 마더 케어가 확립되지 않은 시기에 이것의 중요성을 스스로 깨달아, 어려운 환경을 헤치고 실천한 엄마들의 눈물겨운 이야기로 가득하다. 캥거루 마더 케어를 위해서 노력하는 간호사, 조산원, 의사와 같은 의료인의 필요성과 이를 실천하기 위한 노력의 과정이 고스란히 배어 있는 경험담도 수록되어 있다. 나아가 우리나라에서 방송 프로그램을 통해 캥거루 마더 케어를 실천했던 엄마의 경험담이 생생히 와 닿는다.

캥거루 마더 케어는 아기와 엄마 간의 마음, 육체의 교감을 통한 유대감이 기본이다. 의술과 장비에만 의존하여 미숙아를 관리하는 우리 모두에게, 마음으로 하는 치료에 대한 아주 중요한 메시지를 전하고 있다. 이는 절대 그냥 지나쳐서는 안 되는 새로운 의미이며 새로운 분야다. 이 책은 미숙아를 관리하는 의사, 간호사뿐만 아니라 아기의 부모에게 이 육아법이 꼭 필요한 것이며 실천해야 한다는 강한 목소리를 담고 있는데, 그것이 핵심이다. 우리 모두 이 목소리에 귀 기울이고 실천해야 할 것이다.

향후 우리나라의 미숙아 관리에서 캥거루 마더 케어가 정착하여 미숙아 생존 향상에 큰 공헌을 할 수 있기를 기대한다. 그런 면에서 이 책은 여러분의 곁에서 큰 지침이 되어 줄 것이기에 필독을 권한다.

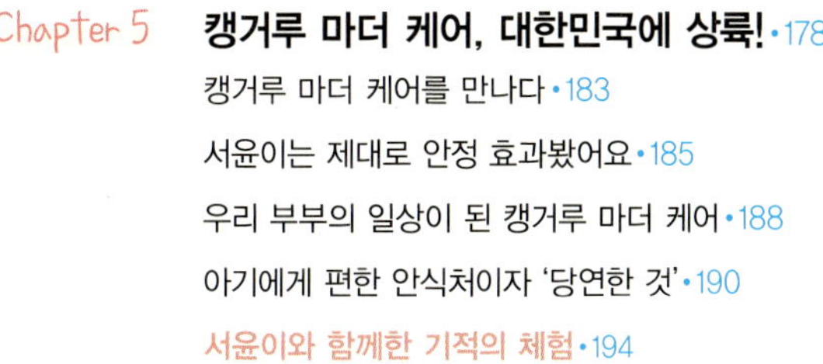

Part 3
초보 엄마 아빠를 위한 다섯 가지 상식

전 세계에서 증명된 캥거루 마더 케어

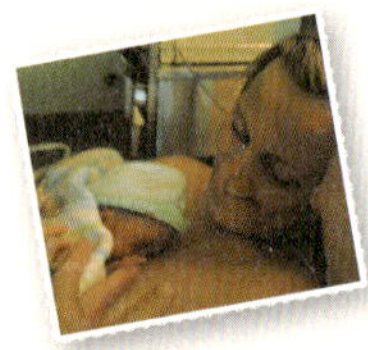

- 1979년 콜롬비아 보고타의 한 병원에서
  '캥거루 마더 케어' 창시
- 1980년대 초 유니세프가 인정
- 2002년 미국 국제 개발처, 세이브 더 칠드런이 후원 시작
- 2003년 세계보건기구 '모든 신생아를 위한 효과적인 치료 요법'으로 승인
- 시행한 나라는 즉시 신생아 감염률과 사망률이 대폭 감소
- 미국, 미숙아가 태어날 경우 일부 병원 의무 시행
- 현재 미국·유럽·남아메리카·아프리카 등에서 전 세계적으로 열풍

♥ 기적의 주인공 제이미, 전 세계를 놀라게 하다

이제 막 태어난 쌍둥이, 그중 제이미는 거의 죽기 직전이었다. 엄마인 케이트는 펑펑 울면서 제이미를 맨살로 가슴에 안았다. 캥거루 마더 케어를 한 지 두 시간쯤 되었을까? 갑자기 제이미가 움직였다!

♥ 대한민국의 미숙아 서윤이, 캥거루 마더 케어를 만나다

엄마, 나은실은 딸 서윤이를 낳고도 만져 볼 수가 없었다. 너무나 연약한 서윤이를 보며 발만 동동 구르던 그녀는 운 좋게 캥거루 마더 케어를 알게 된다. 지금 서윤이는 엄마 품에서 행복하게 자란다.

♥ 뇌성마비 장애를 가진 루크리샤, 운동선수가 되다

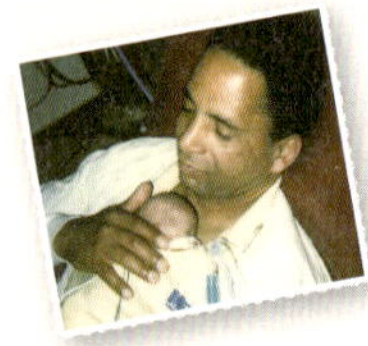

의사는 미숙아로 태어난 루크리샤에게 크면서 많은 장애가 일어날 거라고 했다. 하지만 엄마 에드나와 아빠 얼은 포기하지 않았다. 정성들여 캥거루 마더 케어를 해 준 결과, 건강해진 17살 루크리샤의 특기는 '체조'다.

♥ 스코틀랜드의 화학자 캐롤린, 딸을 살리다

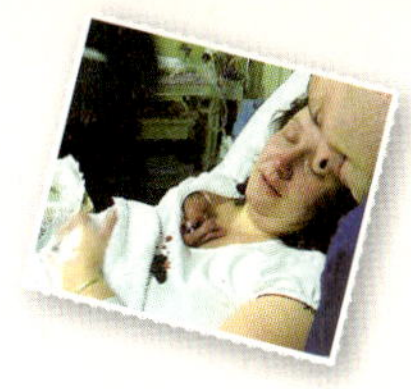

갓 태어난 레이첼은 미동이 없었다. 의사는 조용히 고개를 저었다. 캐롤린은
슬픔에 잠겨 작별 인사를 하려고 아기를 품에 안았다. 몇 시간이 흘렀다. 뭔
가 이상했다. 레이첼이 숨을 쉬기 시작했다!

♥ 미국의 공학자 야밀, 아들을 살리다

폭풍이 불어 닥치자 병원이 정전되었고, 재커리가 의존하고 있던 의료 장비
가 모두 꺼졌다. 야밀은 다른 병원으로 옮겨질 때까지 부들부들 떨며 맨가
슴에 재커리를 안고 있었다. 그렇게 9시간 뒤, 아기는 살아있었다.

♥ 불안에 떨던 매리, 캥거루 마더 케어로 안심하다

임신성 고혈압과 임신중독증이던 그녀는 미숙아로 태어난 아들 윌리엄을
안아 줄 수 없어 불안했다. 그런데 캥거루 자세를 알게 된 후로 불안이 사
라졌다고 한다. 이제 윌리엄은 건강하고 행복하게 지낸다.

♥ 남아프리카공화국의 조산사 마리안, 유대감에 눈뜨다

캥거루 마더 케어에 대해 끊임없는 공부와 연구를 하던 그녀는 이 육아법의
중요한 효과 중 하나가 엄마와 아기의 유대감 형성이라는 것을 깨닫는다.
현재 닐스 버그만 박사와 일하고 있다.

♥ 스웨덴의 간호사 커스틴, 부모의 중요성을 깨닫다

세계적으로 유명한 캥거루 마더 케어 전문가인 그녀는 간호학자로서 이 육
아법을 깊이 연구했다. 그러다가 부모의 역할이 아기에게 중요함을
깨닫고, 간호사는 부모를 대신할 수 없다고 주장한다.

캥거루 마더 케어
따라하기

1. 편안한 의자에 앉는다. 등받이가 약간 비스듬해서 편히 기댈 수 있는 의자이면 좋다.

2. 아기가 입은 옷을 벗긴다. 기저귀 정도만 착용하고 온몸이 다 맨살인 상태로 만든다.

3. 엄마는 윗옷 앞부분을 열어두어 가슴이 맨살이 되도록 한다.

4. 아기를 엄마와 마주 본 자세로 가슴 위에 올려놓는다. 맨가슴 사이에 놓는 것이 가장 좋다. 엄마와 아기가 맨살을 맞댄 부분에 그 어떤 옷이나 천도 없어야 한다.

5. 옷으로 아기의 드러난 몸 부분을 감싸고, 가볍고 따뜻한 천이나 담요를 그 위에 또 덮는다.

6. 이 자세를 하루 종일 유지한다. 밥을 먹을 때나 화장실에 갈 때를 제외한 모든 시간에 이 자세로 앉아 있는다.

 맨살로 키워라

♥ 아빠도 똑같은 방법으로 할 수 있어요.

♥ 캥거루 마더 케어를 받는 아기는
스스로 호흡을 할 수 있고
안정된 상태여야 해요.

♥ 가장 이상적인 효과를 얻으려면
아기가 태어나자마자
바로 캥거루 마더 케어를 해 주세요.

♥ 태어난 지 6주가 넘어갈 때까지는
꾸준히 해 주세요.
그 이후에도 아기가 좋아한다면
계속 해 주세요.

맨살로 키우는 육아법
캥거루 마더 케어

Chapter 1

기적의 그 이름,
캥거루 마더 케어
(Kangaroo Mother Care)

갓 태어난 아기, 엄마의 맨가슴에

아기가 태어나면 반드시 네 가지가 필요하다. 그것은 바로 산소, 먹을 것, 따뜻한 온도, 사랑을 주는 부모다. 그런데 열 달을 채우지 못하고 태어난 미숙아의 경우는 대부분 인큐베이터에 들어가게 되며, 그 안에서 성장한다. 의학적 관점에서 보면 미숙아는 자궁 바깥의 세상에서 살아갈 수 있을 만큼 몸의 기관과 조직이 아직 충분히 발달되지 않은 상태다.

인큐베이터는 엄마의 자궁을 대신하여 아기를 성장시키고 신체 조직을 발달시키는 기능을 한다. 아기의 약한 몸을 치료하거나 더 성장시키기 위해서는 여러 시술이나 다른 의학적 과정이 필요한데, 그 과정이 필요한 아기는 인큐베이터라는 작은 상자 안에 머무르게 되는 것이다. 그리고 대다수의 의료진은 인큐베이터가 미숙아의 치료를 돕는 최선의 방법이라고 믿고 있다.

여기서 우리가 주목해야 할 연구가 있다. 이 연구에 따르면 산업화 사회 이전의 사람들이 줄곧 사용했던 천연 인큐베이터는 바로 '사람의 몸'이었다. 사람의 몸은 신이 주신 고유의 능력으로 아기의 체온을 조절하고 아기에게 영양을 공급할 수 있는데, 그 효과는 고도의 의학 장비를 사용하는 것과 맞먹는다고 한다. 즉, 부모의 가슴은 '천연 인큐베이터'라 해도 과언이 아니다.

아기가 태어난 직후에 부모의 가슴 위에 놓이는 것만으로도 소생과 생존을 위한 따스한 온기, 영양, 사랑이 듬뿍 담긴 케어를 받을 수 있다고 한다. 이렇게 인간의 몸을 통한 놀라운 기적의 육아법이 바로 '캥거루 마더 케어(Kangaroo Mother Care, KMC)' 이다.

캥거루 마더 케어란 미숙아이든 정상아이든 태어난 직후부터 오랜 시간에 걸쳐 지속적으로 부모와 직접적인 피부 접촉을 갖는 것을 말한다. 아이가 이 케어를 받길 원하는 한 태어났을 때부터 시작해서 계속하는 것이 좋으며, 더 이상 받기 싫다고 반응할 때 중단하면 된다. 이 거부 반응이 오는 시기는 아기에 따라 다르다.

캥거루 마더 케어는 적절한 의학적 조치가 보장되는 환경에서 이루어져야 하며, 이 케어를 하는 동안 엄마는 가능한 한 모유만 먹이는 것이 좋다.

캥거루 마더 케어라는 이름은 새끼를 아기 주머니에 넣고 다니는 캥거루의 본능으로부터 유래되었다. 새끼 캥거루는 태어났을 때 크기가 단지 몇 센티미터에 불과하고, 뒷다리가 없다. 그런데도 새끼 캥거루는 앞다리만을 써서 어미의 주머니까지 기어오른다. 일단 주머니 안에 들어가면 새끼 캥거루는 어미의 젖꼭지를 찾아 물고 빨기 시작한다. 그리고는 엄마의 주머니 안에서 자라다가 6개월이 지나면 머리를 밖으로 쏙 내민다. 엄마 캥거루가 아기 캥거루와 언제나 같이 있기 위해 본능적으로 앞배의 주머니에 아기를 넣고 다니듯이, 사람이 하는 캥거루 마더 케어도 이와 같은 원리다. 갓 태어난 아기를 엄마의 맨가슴에 감싸 안는 아주 단순한 방법이 이 육아법의 핵심이다. 누구나 원하기만 하면 캥거루 엄마, 캥거루 아빠가 될 수 있다.

산모는 캥거루 마더 케어를 하면서 모유를 먹일 수 있고, 아기를 따뜻하게 감싸는 동시에 외부의 다른 방해 요인으로부터 보호할 수도 있다. 이 단순하면서도 놀라운 육아법 덕분에 출산 예정일보다 14주 먼저 태어났던 미숙아들은 다른 특별한 기술 없이도 이 방법을 사용함으로써 건강히 클 수 있었다.

캥거루 마더 케어를 안전하고 효과적으로 실시하기 위해서는 아기를 가슴 위에 올려놓을 때 천으로 된 띠나 포대기를 두르는 것이 좋다. 이렇게 해야 부모와 아기의 피부 접촉을 최대화할 수 있다. 부모가 티셔츠나 다른 겉옷을 입고 있더라도 반드시 이를 걷고 맨살 위에 아기를 올려놓아야 한다. 아기도 모자와 기저귀 정도만 착용한 채 맨살로 부모의 가슴에 놓여야 하며, 필요하다면 보온을 위해 담요나 이불을 덮어도 된다. 아기는 스스로 젖꼭지를 찾아서 모유를 먹을 수 있는 위치인 엄마의 가슴 위에 놓이는 것이 중요하다. 이 육아법은 아빠도 할 수 있는데, 아빠는 젖병과 같은 수유 기구를 사용하면 된다.

캥거루 마더 케어는 전 세계 어디에서든 모든 아기에게 실시할 수 있으며 꼭 해야만 하는 자연 육아법이다. 비단 미숙아뿐만 아니라 엄마 뱃속에서 열 달을 다 채우고 태어난 건강한 아기에게도 마찬가지다.

이 육아법은 가능한 한 오랜 시간 동안 하는 것이 좋지만 신생아가 불안정하거나 탈수 상태일 경우에는 간헐적으로 실시해야 한다. 아기가 안정될 때까지 기다렸다가 해야 하는 것이다. 일단 케어를 시작하면 아기가 매우 편안해지므로, 신생아를 안정시켜야 할 수 있는 모든 절차나 검사는 아기가 엄마나 아빠의 가슴 위에 놓여 있는 동안에 하는 것이 가장 이상적이라고 할 수 있다.

캥거루 마더 케어를 연구하는 학자들은 이 케어를 통해 부모와 친밀함을 키웠던 아기가 장래에도 더 자신감 있고 건강하게 자란다고 말한다. 또한 아기의 소근육 운동이나 인지 능력도 더 잘 발달된다고 한다. 부모가 아기를 감싸 안는 것 자체가 아기에게 이미 익숙한 자궁의 환경을 모방한 것이다. 이러한 익숙함이 아기의 스트레스 수준을 감소시켜서 발달에 도움을 주는 것이다.

죽어가던 아기가 엄마의 맨가슴에서 살아나다

캥거루 마더 케어는 1979년 콜롬비아의 수도인 보고타에서 시작되었는데 그 유래가 매우 흥미롭다.

당시 인큐베이터는 미숙아를 살릴 수 있는 유일한 방법이었다. 그런데 보고타의 병원들이 보유한 인큐베이터의 수가 모자랐다. 여러 명의 신생아가 하나의 인큐베이터에 누워야 하는 상황이었다. 그러다 보니 아기가 병균에 감염되는 일이 잦았고, 엄마들이 갓난아기를 그냥 포기하는 경우가 많았다. 이런 어두운 현실 속에서 아기들은 죽어 나갔다. 의사마저 아기가 살 가망이 없다고 판단하는 경우에는 아기를 엄마에게 건네 주며 마지막 작별 인사를 할 기회를 주었다. 그러면 엄마들은 벌거벗은 아기를 자신의 맨가슴으로 안으며 마지막 인사를 하곤 했다. 그런데 놀랍게도 그렇게 안아 준 아기가 죽지 않고 살아나는 경우가 생겨나기 시작한 것이다.

보고타의 의사들은 이런 미숙아 문제를 해결하고자 노력하는 한편, 부모의 품에서 살아난 아기에 대해 호기심을 갖게 되었다. 이 상황을 집중적으로 연구하던 의사들은 아기가 안정된 이유가 엄마의 맨가슴 위에서 보살핌을 받았기 때문임을 깨달았다. 엄마 품에 있는 아기는 마치 자궁 안에 있는 것처럼 심신이 안정되었던 것이다. 엄마의 체온이 아기를 보온시켜 주었을 뿐만 아니라, 아기가 엄마의 가슴 위에 놓여 있어서 모유 수유가 한결 수월했기 때문이다.

이에 착안한 두 젊은 소아과 의사는 동물의 생태에서 이 현상의 근원을 찾고자 하였다. 그들은 특히 포유동물 중에서 미숙한 새끼를 따뜻함으로 양육하는 어미 캥거루에 영감을 얻어, 이 새로운 양육법을 '캥거루

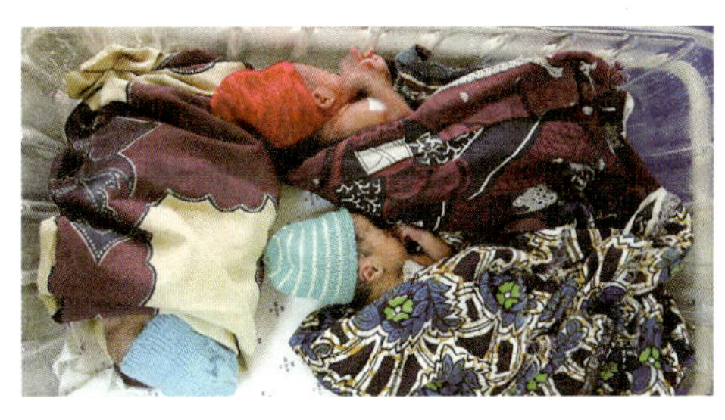

♥ 하나의 인큐베이터에 함께 있는 아기들 (사진 : 세이브 더 칠드런)

마더 케어'라 부르기로 하였다.

1980년대 초, 유니세프UNICEF가 보고타 의사들의 연구를 접하게 되면서 캥거루 마더 케어의 장점을 주목했다. 끈을 둘러 아기를 엄마 가슴에 감싸 안는 것만으로 보온과 모유 수유를 손쉽게 한다는 점 등이었다. 마침 그 무렵 유니세프는 유아의 건강을 위해 모유만을 먹이는 것을 권장하면서 분유와 같은 모유 대체품 판매 지양에 주력하고 있었다. 따라서 유니세프가 캥거루 마더 케어야말로 미숙아에게 건강하고 안전한 환경을 제공하고 모유 수유를 권장하는 데 효과적이라는 결론을 내린 것은 당연한 결과였는지도 모른다.

그래서 유니세프는 우선 남아메리카 지역사회를 교육하기 위해 이 육아법에 대한 소책차를 만들어 배포하기 시작했다. 이것이 남아메리카 지역에 널리 퍼지게 되었다. 마침내 이 육아법이 신생아가 생존할 수 있는 환경을 조성하는 데 매우 효과적임이 입증된 것이다.

이렇게 유니세프가 캥거루 마더 케어를 적극적으로 권장함으로써 이 육아법의 전반적인 개념을 더욱 발전시키는 기반을 만들었다. 이 육아법은 곧 유럽과 북아메리카에서 널리 연구되고 실시되었다. 아프리카와 중동 지역에서도 시행되기 시작했다. 의학자들은 이 육아법의 원리가 무엇인지, 어떻게 수백 년에 걸쳐 원시적인 사회에서도 그 놀라운 육아의 기적을 이루어낼 수 있었는지에 대해 한층 깊은 연구를 시작하게 되었다.

그리하여 1991년, 간호학 박사 진 크랜스턴 앤더슨Dr. Gene Cranston Anderson이 캥거루 마더 케어에 대한 첫 번째 연구를 보고했다. 이 연구는 캥거루 마더 케어가 미숙아의 발달과 엄마와 아기 사이의 유대감을 높이는 데 높은 효과가 있다는 것을 증명했다.

국제기구 세이브 더 칠

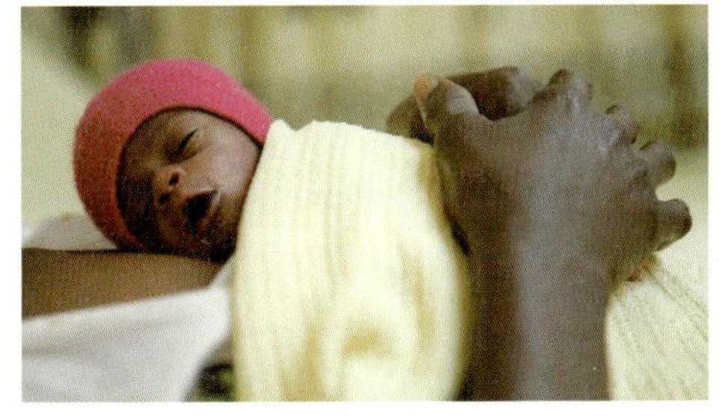

♥ 캥거루 마더 케어를 받고 있는 아기 (사진 : 세이브 더 칠드런)

드런Save the children은 세계 몇몇 국가의 높은 유아 사망률을 극복하기 위해 미국 국제 개발처의 원조를 받아 '캥거루 마더 케어 프로그램'을 시작했다. 주로 아프리카, 아시아, 남아메리카의 빈곤 국가에 초점을 맞추었지만 유럽이나 다른 부유한 국가에서도 이 프로그램을 널리 시행하기에 이르렀다.

특히 말라위는 자선 차원에서 제공된 캥거루 마더 케어 교육 프로그램으로부터 많은 도움을 받았다. 현재 말라위에서는 많은 병원이 엄마들에게 캥거루 마더 케어의 효과를 가르치고 있다. 그 결과, 병원 안의 신생아 감염률과 사망률이 대폭 감소했다. 또한 세이브 더 칠드런은 캥거루 마더 케이 프로그램을 개발도상국에 도입하고 발전시키는 데도 관심을 갖고 있다. 캥거루 마더 케어가 모든 사회 각 계층의 유아 사망률을 극적으로 감소시킬 수 있다고 보기 때문이다.

빌 앤 멜린다 게이츠 재단Bill and Melinda Gates Foundation 도 역시 캥거루 마더 케어의 장점을 대중에게 알리는 데 합류했다. 이들의 생명 보장 프로젝트Living Proof Project는 고통 속에 있는 사람들에게 양질의 건강 관리를 제공하는 범세계적 구제 프로그램이다. 이들은 캥거루 마더 케어를 권장하고 지구촌의 엄마들을 교육하는 데 시간과 돈을 아낌없이 쏟아붓고 있다.

생명 보장 프로젝트는 최근에 '인간 인큐베이터'의 중요성을 알리는 비디오와 사진을 배포하기 시작했다. 여기에는 캥거루 마더 케어로 아기를 성공적으로 길러낸 엄마들의 이야기가 담겼다. 인큐베이터의 도움 없이 사람의 신체를 열 공급원으로 이용하는 이 육아법이 시행됨과 동시에 전 세계의 유아 사망률이 줄어들고 있다. 이렇게 효과적인 캥거루 마더 케어를 끊임없이 지원하며 영아 사망률 감소의 중요성을 세계 방방곡곡에 알리는 것이 이 프로젝트의 희망찬 목표다.

그렇게 캥거루 마더 케어는 1990년대부터 본격적으로 전 세계 수많은 사회의 각 계층에서 널리 실시되기 시작했다. 특히 현대 의학 기술의 접근이 어려운 빈곤 국가들의 부족마을에서 미숙아 생존을 위한 유일한 희망이 되고 있다. 과학기술이 더 진보된 선진국에서도 아기의 올바른 성장을 돕고 아기와 엄마 사이의 유대를 돈독히 하는 최선의 방법이라 여겨 권장되고 있다.

게다가 이 육아법은 의사의 지도 아래, 이전에 가능했던 것보다 훨씬 더 빨리 미숙아가 엄마와 함께 병원에서 퇴원할 수 있게 한다. 이 자연스럽고 간단한 케어가 아기의 성장과 발달을 위해 매우 효과적이고 경제적인 양육 환경을 만들어내는 것이다. 오늘날에도 캥거루 마더 케어의 놀라운 효

♥ 너무나 작은 미숙아 (사진 : 세이브 더 칠드런)

♥ 인도의 킹 에드워드 병원King Edward Medical Hospital에서 캥거루 마더 케어를 하는 산모

과와 앞으로의 응용 가능성에 대한 연구가 활발히 진행되고 있다.

캥거루 마더 케어에 대한 세이브 더 칠드런과 빌 앤 멜린다 게이츠 재단의 공동 노력 여하에 따라, 전 세계적으로 유아 사망률을 51%까지 줄일 수 있을 것이라고 추정되고 있다. 이 케어의 시행 한 가지만으로도 유아의 사망을 줄이고 지연친화적인 신생아 양육을 촉진하는 데 중요한 열쇠가 될 수 있는 것이다.

캥거루 마더 케어가 캥거루의 본고장인 호주에서 시작되지 않았다는 점이 재미있다. 결국 이 육아법은 전 세계로 확산되면서 호주에서도 시행되기 시작했다. 캥거루 마더 케어는 제삼세계와 개발도상국만을 위한 것이 아니라 모든 지역의 모든 부모, 모든 아기를 위한 것임을 전 세계가 깨닫고 있다.

부모와 아기가 함께 느끼는 편안함

캥거루 마더 케어는 미숙아를 돌보는 데 있어서 기적과도 같은 육아 법이며, 열 달을 채우고 태어난 아기에게도 마찬가지로 유익하다. 이 케어의 장점 중 하나는 장비가 거의 필요 없다는 것이다. 편안히 기대고 앉을 의자가 있는 따뜻하고 개인적인 공간이라면 어디에서든 가능하다. 캥거루 마더 케어의 또 다른 장점은 다음과 같다.

1. 엄마의 체온으로 인해 아기의 체온이 저절로 조절된다.

2. 부모와 아기 사이에 유대감이 생긴다.

3. 아기 스스로 젖꼭지를 찾아 물게 하고, 젖 먹는 것을 돕는다.

4. 부모와 신생아의 격리를 미연에 방지하거나 떨어져 있는
   시간을 줄여 준다.

5. 아기의 통증을 완화시킨다.

6. 아기를 심적으로 안정시킨다.

7. 부모의 스트레스와 무력감을 덜어 준다.

8. 부모와 아기가 편안하고 고요한 상태를 유지하게끔 한다.

9. 아기가 원할 때 젖을 먹일 수 있으므로, 수유 시간을 아기의
   요구에 맞출 수 있다.

10. 아기와 부모의 조기 퇴원을 가능하게 해 준다.

11. 아기가 부모의 목소리를 듣고, 촉감을 느끼고, 냄새를 맡았던

자궁 속과 유사한 감각적 환경을 조성하므로 아기의 상태가 신속히 안정된다.

12. 아기가 부모의 몸 위에 똑바로 누운 상태에서 안아줌으로써 아기의 고른 호흡을 돕는다.

아기를 위해 캥거루 마더 케어를 해 주는 것이 당신이 선택할 수 있는 가장 현명한 육아법이 되리라 믿어 의심치 않는다. 다음 장부터 시작되는 이야기들은 이 육아법의 놀라운 효과를 부인할 수 없게 한다. 이것은 '살아있는 증거'가 될 것이다.

콜롬비아 닥터 캥거루인 나탈리 박사

♥ ♥

나탈리 차팩 박사는 1986년부터 콜롬비아 보고타에 살고 있으며,
1989년부터 캥거루 마더 케어 분야에서 일했다.
그녀는 산 이그내시오San Ingnacio 대학병원에서 캥거루 마더 케어 프로그램을 담당하는
소아과 의사이자, '캥거루 재단Fundacion Canguro' 설립 멤버의 일원이다.
캥거루 재단은 비정부 기구 NGO로서, 캥거루 마더 케어에 관한 연구, 훈련, 교육 등에
전념하고 있다. 또한 1994년부터 캥거루 케어 분야의 국제팀을 훈련시켜 왔다.

전통 육아법
캥거루 마더 케어

캥거루 마더 케어가 처음 시작된 곳은 콜롬비아의 수도인 보고타다. 하지만 이때는 캥거루 마더 케어가 과학적으로 입증되지 않았던 까닭에, 처음 10년 동안은 진지하게 받아들여지지 않았다. 콜롬비아 위생 당국으로부터 캥거루 마더 케어에 대한 승인을 받아내는 데는 오랜 시간과 노력이 필요했던 것이다.

지금은 콜롬비아의 모든 소아과 의사가 미숙아와 저체중 신생아를 돌보는 데 필요한 육아법이 캥거루 마더 케어라고 인정하고 있다. 참으로 다행스러운 일이다.

콜롬비아 보건 당국은 최근에 캥거루 마더 케어를 권장하는 지침을 발표하고 이 양육법의 시행에 대한 안내서를 출간했다. 나는 이 안내서에 많은 기대를 걸고 있다. 이 안내서로 인해 캥거루 마더 케어의 도입 효과가 2년 안에 입증될 수 있을 것이라 믿기 때문이다.

콜롬비아 보건 당국은 공중 보건 강령 또한 출간했다. 이 강령은 분만에 관여하는 콜롬비아 내 모든 기관에서 캥거루 마더 케어를 실시할 것을 권장하고 있다. 물론 캥거루 마더 케어 프로그램이 완전하게 시행되려면 시간이 더 걸릴 것이다. 완전한 프로그램이란 캥거루 자세(아기가 엄마의 가슴부터 배꼽 사이에 엎드려 누운 자세)로 부모와 아기의 피부를 접촉시키는 것과 모유 수유, 캥거루 자세 상태로 미숙아를 퇴원시키는 것, 추가 검진을 위한 병원의 외래 방문 등을 통틀어 포함한다. 또한 대형 캥거루 마더 케어 센터를 마련하여 이를 중심으로 소규모의 자매 기관들을 세워 교육시키는 것도 프로그램의 일환이다. 프로그램이 계획대로 운영된다면 콜롬비아 내 미숙아의 90%가 캥거루 마더 케어를 받을 수 있으리라 본다. 차후에 가정에서 센터를 다니며 프로그램을 통한 보살핌을 계속 받기로 하고, 아기는 일단 편한 캥거루 자세 상태로 퇴원할 수 있을 것이다. 콜롬비아 내의 이러한 변화는 흥미로운 차원을 넘어서 꼭 필요한 것이라고 확신한다.

혹자는 캥거루 마더 케어가 '단순한 피부 접촉일 뿐이잖아?'라고 생각할지도 모르겠다. 호주를 비롯한 일부 지역에서는 캥거루 마더 케어를 그렇게 단순한 개념으로 받아들이고 있기도 하다. 그러나 이 육아법은 그 이상의 차원이라고 보는 게 맞다. 캥거루 마더 케어는 중재 프로그램(병원 의료진과 아기, 부모 모두 중재한다는 의미)으로, 캥거루 자세에서 아기와 부모간의 피부 접촉, 보다 빠른 모유 수유 시작을 포함한다. 아기 엄마와 가족이 집에서 캥거루 마더 케어를 할 수 있는 상황이라면 퇴원 후 추가 검진을 위해 외래진료를 받는다는 전제 아래 조기 퇴원이 가능하다고 본다. 미숙아의 경우 매일 검진을 받아야 하지만 열 달이 지난 시점 이후에는 주 1회의 검진만 받으면 된다.

몇 년 전, 스웨덴의 웁살라Uppsala 지역을 방문한 날이었다. 나는 그곳에서 캥거루 마더 케어가 산모의 집에서도 실시되고 있음을 알게 되었다. 그곳 의료진은 아기와 엄마를 조기 퇴원시키고 모유를 먹이게 하고 있었다. 웁살라에서 이루어지는 캥거루 마더 케어는 내가 그리고 그리던 이상적인 '중재 프로그램'이었던 것이다. 나는 세계 어느 곳에서든 양육 환경의 조건에 관계없이 웁살라에서 하고 있는 것과 같은 케어가 가능하다고 믿는다.

완전한 중재 프로그램은 아기의 가족에게 연약한 아기를 돌보는 데 가장 적합한 사람이 그들 자신이라는 중요한 사실을 일깨워 준다. 이 케어의 초기 단계에서는 아기와 엄마가 서로가 견뎌낼 수 있는 단계까지만 엄마가 간간이 안아 주는 것이 좋다. 시간이 흘러 엄마가 아기를 캥거루 자세로 24시간 동안 안아 주는 동시에 모유 수유가 가능하면 퇴원한다. 그 후로도 종종 병원에 들러 이 프로그램의 추가 검진을 받아야 한다. 만일 추가 검진을 제대로 받을 수 없는 상황이라면 아기를 조기 퇴원시켜서는 안 된다.

1979년에 보고타에서 레이 새너브리아Rey Sanabria 박사가 캥거루 마더 케어를 창시한 후로 30년 정도가 흘렀다. 그 처음 시작은 모자 연구소Mother and Child Institute에서 이루어졌다. 이 연구소는 매년 2만 명 이상의 아기가 태어날 정도로 아주 큰 산부인과 기관이다. 이 기관에는 인큐베이터가 구비된 신생아실이 있었지만 늘 혼잡하기 일쑤였다. 이런 상황에서 의료진은 캥거루 마더 케어에 착안하여 엄마가 직접 아기를 안고 젖을 먹이도록 훈련시켰다. 그 후 아기를 캥거루 자세인 상태로 퇴원시켜 집에 보내고, 그 후 다른 소규모의 '캥거루 클리닉'에서 추가 검진을 받도록 했다. 이렇게 함으로써 비로소 정말 심각한 상태의 아기만이 인큐베이터를 쓸 수 있게 되었다.

당시 이 기관의 산부인과 병동에서는 수많은 아기가 태어나고 있었기 때문에 가능한 빨리 인큐베이터를 비워 다음 아기를 받을 수 있는 상태로 유지해야 했다. 그러나 이제는 상황이 달라졌다. 캥거루 마더 케어의 도입으로 인큐베이터가 꼭 필요한 아기는 언제나 불편함 없이 이용할 수 있다. 캥거루 마더 케어는 그 탁월한 효과를 인정받아 특수 육아법으로 자리매김하게 된 것이다.

마찬가지로, 오늘날의 캥거루 마더 케어도 인큐베이터가 필요한 아기건 아니건 다 효과를 볼 수 있는 육아법이다. 말하자면 이 케어는 아기의 가족 앞에 놓인 선택 사항인 것이다. 이를 선택했을 때 신생아 관리 비용을 줄일 수 있음은 두말할 필요가 없을 듯하다.

콜롬비아에서는 28주에서 30주 사이 정도에는 태어나야 출생 직후 캥거루 마더 케어를 시작할 수 있다. 그러나 실행 여부는 신생아 집중치료실NICU 의료진의 경험적 지식과 미숙아의 안정 상태에 달려 있다. 의료진은 보통 장소를 옮겨도 산소 포화도가 그대로이며 심박수가 변하지 않는 미숙아에게만 캥거루 마더 케어를 실시한다.

스웨덴이나 덴마크에서는 너무 일찍 태어난 미숙아의 경우에도 바로 시작하는데, 콜롬비아에서는 그렇게 하지 않는다. 콜롬비아는 아기의 기도에 튜브를 삽입하여 실시하는 지속성 기도양압^{CPAP} 호흡법으로 아기를 관찰한다. 그리고 미숙아의 연령보다는 아기의 안정된 정도가 이 케어를 실시하는 것의 관건이라고 하겠다.

나는 가끔 이 육아법을 신생아 간호 단계에 의례적인 보완 방법으로 도입하는 것이 왜 이렇게 어려울까 하고 스스로 자신에게 묻곤 한다. 이유는 아마도 그렇게 하려면 신생아실을 개방해 가족이 수시로 들락날락 할 수 있어야 하기 때문인 것 같다. 가족이 밤낮으로 아기를 대하는 것이 이 케어에서 중요함은 당연하다. 하지만 안타깝게도 현재 전 세계의 많은 신생아실은 가족조차 엄격하게 정해진 시간에만 방문하도록 되어 있다.

우리 의료진은 부모에게 될 수 있으면 격리된 상태에서 이 케어를 실행하지 말라고 권한다. 우리 병원은 엄마가 자신의 아기를 캥거루 자세로 안은 채 이 육아법에 대해 서로 이야기할 수 있는 공간을 마련해 놓았다. 그곳에서 이미 캥거루 마더 케어의 경험이 있는 엄마가 아기를 갓 낳은 산모에게 자신의 경험을 들려주는 것이다.

이제 막 아기를 낳은 엄마가 불안함을 느끼는 것은 당연하다.

'아이를 안을 줄도 모르고, 젖이 잘 나오지도 않는데…….'

이럴 때는 의사나 간호사의 조언보다도 캥거루 마더 케어를 체험한 다른 엄마의 말에 더 안심이 된다. 그런 식으로 엄마들이 이야기를 나누는 장소인 '캥거루 방'에서, 나중에는 병원의 추가 검사 세션에서 서로 만날 수 있도록 하고 있다.

호주의 미숙아 출산율은 8%이고, 미국은 12%다. 나는 세상의 모든 미숙아가 캥거루 마더 케어를 받을 수 있게 되기를 바라고 있다.

35주째에 태어난 아기도 3주 정도는 캥거루 마더 케어를 받아야 한다. 아기가 스스로 체온 조절을 완벽하게 하지 못하므로 엄마나 아빠와 맨살 피부 접촉을 하는 것이 유익하기 때문이다. 엄마는 신생아에게 몸통 띠를 사용해서 두 가슴에 바르게 누운 자세로 고정시킬 수 있다. 몸통 띠는 아기를 엄마와 밀착시켜 아기가 떨어지지 않도록 해 준다. 보통 아기는 그 자세에서 가만히 있는다. 38주가 될 때까지는 저항하지 않는다. 어떤 아기들은 40주가 될 때까지 가만히 있기도 한다. 엄마는 아기가 캥거루 자세를 거부할 때까지 기다려야 한다.

내 경험에 의하면 열 달을 채우고 태어난 아기는 캥거루 자세를 거부하기도 했다. 정상아는 계속 땀을 흘리고 꼼지락대기 때문에 24시간 동안 캥거루 자세로 붙들려 있는 것을 참지 못할 수도 있다. 그래서 정상아에게는 얼마 동안의 시간 간격을 두고 캥거루 마더 케어를 해 줘야 한다. 단, 미숙아라면 아기가 더 이상 원하지 않을 때까지 케어를 해 주는 게 좋다. 그리고 가능한 한 오래 하는 것이 바람직하다.

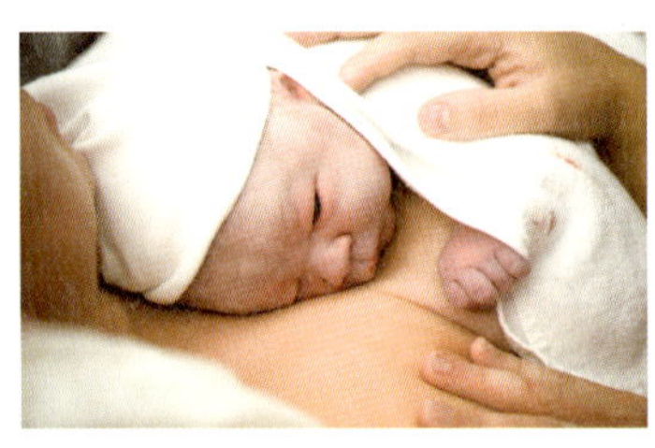

♥ 몸통 띠를 두르고 하는 캥거루 자세

아기를 단순히 업어 주고 안아 주는 것과 캥거루 마더 케어는 다르다는 것을 명심해야 한다. 그저 업고 안는 것은 포대기나 끈으로 된 천을 사용해 아기를 어르는 행위에 불과하다. 캥거루 마더 케어는 아기와 엄마 사이에 의류나 천 없이 맨살과 맨살이 맞닿게 하는 요법이다. 따라서 아기에게 기저귀와 모자 정도만 입힌다. 캥거루 마더 케어를 실시하는 것은 대부분 아기의 체온을 자연스럽게 조절하기 위함인데, 의류나 천이 맨살 접촉을 가로막는 것은 방해가 될 뿐이다.

아기의 두뇌가 성장하는 최적의 환경

정도의 차이는 있지만 대부분의 제삼세계 국가와 많은 선진국에서 이 육아법을 실시하고 있다. 하지만 아직도 갈 길은 멀다. 이 육아법을 잘 모르는 나라도 있다. 지금보다 더 많은 의사와 병원 관계자들이 설사 그들의 경제적 이익이 줄어든다 할지라도 캥거루 마더 케어의 중요성을 깨달아야만 한다.

병원에서 캥거루 마더 케어를 실시하게 되면 아기의 입원일이 10일 정도 단축된다. 스웨덴의 병원들과 스페인 마드리드에 있는 10월 12일 대학12th October University병원, 프랑스 크레테이유Creteil의 시립 중앙 병원 CHICCentre Hospitalier Intercommunal 내의 사례들이 이를 증명하고 있다. 이 사례들은 각 국가의 보건 관리 담당자에게 큰 도움이 될 것이다. 그들은 사례를 참고한 후 캥거루 마더 케어를 도입하고 각각의 상황에 맞게 조정하여 실행하자고 건의할 수 있을 것이다.

우리는 캥거루 마더 케어를 받은 아기들과 받지 않은 아기들의 두 집단에 대해 무작위 대조 시험randomized control 연구를 해 보았다. 이 연구는 캥거루 마더 케어를 받은 아기들과 인큐베이터에서 종전 방식의 간호만을 받은 아기들을 비교한 것이다. 결과를 보니, 캥거루 마더 케어를 실시한 엄마들이 아기 양육에 훨씬 더 자신감이 생겼다고 한다.

우리는 같은 연구를 퀘벡에 있는 라발 대학Laval University의 캐나다 동료들과도 함께 실시했고, 캥거루 마더 케어가 부모와 아기의 관계에 긍정적인 영향을 끼친다는 결과를 발표했다. 연구 결과는 이렇다. 교육 수준이 상대적으로 낮은 아빠에게 캥거루 자세로 아기를 안아 주도록 했더니 1년 후에 아빠가 완전히 변했다. 그 아빠는 집에 더욱 오래 머물면서 아기의 요구에 세심하게 반응하게 되었다.

그리고 15년이 흐른 뒤, 그때 실시했던 무작위 대조 시험 연구의 대상을 추적해서 검사해 보기로 했다. 당시 가장 건강 상태가 좋지 않고 몸집이 작았던 30명의 아기들을 방문했다. 그리고 최근에 정밀 신경 검사, 신체검사, 해부학적 MRI, 기능적 MRI, 경두개 자성 자극을 이용한 파일럿 실험을 끝마쳤다.

결과는 놀라웠다. 대조군에 비해 캥거루 마더 케어를 받은 아기들이 더 우수한 두뇌와 뇌 피질 기능을 가진 것으로 드러났다. 우리가 캥거루 마더 케어의 중요성을 의료인에게 납득시키는 데 열을 올려야 하는 이유가 바로 이런 놀라운 효과 때문이다. 아무리 소음과 눈부신 빛을 줄이고 마사지를 해 주는 등 갖가지 방법으로 신생아실의 환경을 바꾼다 해도 충분하지 않은 것이다. 아기들이 스트레스를 덜 받고, 쉽게 안정하여 두뇌가 잘 성장하기 위해서는 캥거루 마더 케어의 도입이 필수다.

캥거루 마더 케어의 장점은 단순히 모유 수유를 쉽게 하고 미숙아의 체온 조절에 유리하다는 것 그 이상이다.

캥거루 마더 케어를 해 주는 동안 아기는 엄마 품에 안겨서 엄마의 냄새, 심장 박동 소리, 목소리를 느끼는데, 이는 아기의 두뇌가 계속해서 성장할 수 있는 적절한 환경이 된다. 이것은 매우 중요한 장점이다. 병원에서는 신생아를 체크할 때 대부분 질식과 뇌실 내 출혈이 없는지 검사하는 데 주력하며 그것으로 충분하다고 여긴다. 하지만 이상이 없는 것을 확인하는 것만으로 아기의 두뇌 건강을 총체적으로 판단하기는 힘들다.

콜롬비아의 사회 환경은 열악하고 빈곤층 비율이 높다. 가난한 엄마가 미숙아를 기른다는 것은 참 힘든 일이다. 병원에서는 미숙아를 가능한 한 빨리 엄마에게 안겨 주고, 아기를 어떻게 돌봐야 할지, 캥거루 자세를 어떻게 하는지에 대해 가르쳐 준 후 엄마와 아기를 퇴원시킨다. 집에는 당연히 인큐베이터가 없고, 아기는 스스로 체온을 조절할 수 없다. 아기의 체온 조절은 이제 가족의 임무가 된다. 24시간 내내 사람에게 안겨 있어야 하는데 엄마가 이를 전부 감당할 수는 없는 노릇이다.

캥거루 마더 케어에 다른 가족도 참여할 수 있다는 점이 매우 효율적이다. 아기의 아빠, 형제나 자매, 조부모가 돌아가며 짧은 시간이나마 아기를 안아 주는 것이다. 계속해서 아기를 돌보는 것에 대한 일차적 책임은 엄마에게 있으므로 몇 주 동안만 가족이 협조하는 것으로 충분하다. 집에서 다른 가족이 캥거루 마더 케어를 도와줄 수 있다는 사실을 아는 것만으로도, 엄마는 병원에 있을 때부터 양육에 대한 자신감을 가질 수 있다. 엄마가 이 육아법을 통해 아기를 돌보는 데 자신감을 갖게 되면 아기의 요구에도 더욱 세심해진다. 덕분에 아기도 엄마의 행동에

더 잘 반응하게 된다. 이런 일련의 과정을 통해 엄마는 아기를 돌보는 데 가족보다 더 좋은 이가 없다는 사실을 깨달을 것이다.

산후우울증이 사라진다

신생아 간호에 대한 보완 방법으로 캥거루 마더 케어를 도입하는 것이 어려운 일일 수 있다. 예를 들어 프랑스에는 미숙아 면회를 24시간 내내 허용하는 시설이 거의 없다. 그러니 부모가 아기를 계속 보아야 하는 캥거루 마더 케어를 도입하기가 어렵다. 또 어떤 시설에서는 부모에게만 밤낮으로 아기 면회를 허용하고 나머지 가족의 출입을 제한하기도 한다. 모든 가족이 아기를 캥거루 자세로 안아 주고 싶어 할 테지만 신생아실 문이 항상 열려 있는 것은 아니다.

오히려 가족이 24시간 지속되는 캥거루 마더 케어가 왜 그렇게 중요한지 이해하지 못할 수도 있다. 그렇기에 아기가 태어나서 가능한 한 빨리 가족과 함께 지내야 한다는 것, 아기를 엄마로부터 떼어 놓는 것이 좋지 않다는 것을 가족 스스로 깨닫는 게 시급하다.

콜롬비아의 병원에서는 아기를 갓 낳은 산모에게 플라스틱 의자를 준다. 그 의자 위에 앉아서 캥거루 자세로 아기를 안는다고 생각해 보라. 여간 불편한 일이 아니다. 이렇게 열악한 환경이라 할지라도 우리는 캥거루 마더 케어를 실시하는 것이 아기의 두뇌 발달, 건강을 위해 매우 유익하다는 사실을 엄마에게 설명해 준다. 케어를 하는 동안 감수해야 하는 수고는 그 효과에 비하면 세 발의 피도 안 되니 설명을 들은 대부분의 엄마들이 캥거루 마더 케어를 선택한다.

어떤 나라에는 출산 휴가가 아예 없거나, 있더라도 아주 짧다. 엄마가 아기를 낳자마자 다시 일을 하러 나가야만 하는 것이다. 콜롬비아의 경우 산모는 84일의 출산 휴가를 받는다. 이렇듯 미숙아를 낳은 엄마의 경우에는 더 긴 출산 휴가를 주는 법을 제정하도록 더 큰 노력을 해야 할 것이다. 몇몇 국가에서는 이미 그런 법이 있다. 미숙아가 잘 자랄 수 있으려면 병원에서는 물론이고, 퇴원 후 집에서도 부모가 아기와 함께 있는 시간이 많이 필요하다.

어떤 부모는 캥거루 마더 케어가 너무 번거롭다고 생각한 나머지 이를 실시하지 않기로 결정한다. 그러면 우리는 그 부모에게 이 방법이 아기의 건강과 두뇌 발달에 얼마나 유익한지를, 그리고 단지 몇 주간만 노력하면 된다는 사실을 다시 강조한다. 캥거루 마더 케어를 실시했던 부모들은 그 깊은 만족감에 나중에 수기를 쓰곤 한다. 아기를 위해 부모로서 이 육아법을 할 수 있었다는 사실에 기뻐하면서 말이다.

한 번은 캥거루 마더 케어를 하고 있는 엄마들을 연구하려고 핀란드에서 동료가 왔던 적이 있다. 그녀는 캥거루 마더 케어와 산후우울증에 대하여 많은 관심을 가지고 있었는데, 한 아기 엄마가 그녀에게 이렇게 말하는 것이었다.

"보세요. 우울할 틈이 없어요. 아기를 보느라 이렇게 할 일이 많은 걸요. 아기가 잠들면, 저도 자고 싶을 뿐이랍니다."

어느 산모는 스페인어로 이렇게 멋진 표현을 하기도 했다. 캥거루 마더 케어는 '불안한 집착'에서 벗어나 '안정적인 소유'에 이르도록 해 주는 도약과도 같다고. 우리 의료진은 캥거루 마더 케어를 하면서 산후우울증으로 괴로워하는 엄마들을 별로 보지 못했다. 이 육아법과 산후우울증 빈도 사이에 어떤 상관관계가 있을지 연구하는 것도 아주 흥미로울 듯하다.

엄마는 분명 아기의 삶에 매우 중요한 존재다. 그런데 엄마가 미숙아와 함께 병원에 있는 동안 의도치 않게 간호사에게 엄마 역할을 빼앗기기도 한다. 우리는 엄마들에게 그 역할을 되찾아 주어야 한다. 의사와 간호사는 이 문제에 대하여 자주 반론하곤 하지만, 분명 그들이 생각을 바꾸어야 할 필요가 있다.

콜롬비아에서 캥거루 마더 케어는 아예 의료진 훈련 과정의 일부다. 의사든 간호사든 소아과에서 일하려면 1개월 이상 '캥거루 방'에서 지내며 훈련을 받게 되어 있다.

결론적으로 나는 캥거루 마더 케어가 더욱 널리 퍼져야 한다고 강력히 주장하는 바다. 이는 부모에게 달린 문제가 아니다. 사실 부모는 아기에 관련된 사항을 의사와 간호사에 전적으로 의존하려는 경향이 있는데, 이 책이 중요한 이유가 바로 여기에 있다. 이 책을 통해 가족이 아기와 떨어져서는 안 된다는 사실을 교육받아야 한다.

어떤 이들은 캥거루 마더 케어와 영아 사망률 사이에 상관관계가 있는지에 대해 의문을 가질 수도 있다. 아프리카의 소아과 의사인 조이 론Joy Lawn이 2010년 발표한 논문의 메타 분석(단일 주제를 조사한 여러 연구들을 비교 분석하는 것)에 따르면 캥거루 마더 케어가 병원의 영아 사망률을 의미 있는 수준으로 감소시켰음을 보여 주고 있다. 우리가 실시한 연구에서도 아기들의 조기 퇴원으로 인해 병원 내 감염이 많이 줄어들었음을 볼 수 있다. 더욱이 이 케어 덕분에 의사들이 더 효율적으로 일할 수 있었고, 이는 곧 신생아실의 영아 사망률이 감소되는 계기가 되었다.

연구 과정이 쉽지 않을지라도, 캥거루 마더 케어와 영아 사망률의 상관관계를 밝히고자 하는 연구는 분명 큰 의의가 있다. 신생아 집중치료실의 신생아들에게 태어나자마자 캥거루 마더 케어를 시작하고, 이 케어를 실시하지 않은 신생아 집중치료실의 또 다른 신생아 그룹과 비교하여 보라. 두 그룹의 뇌실 내 출혈의 발생률 차이 등을 비교하는 것이다. 여기서 주의할 점은 반드시 다른 두 신생아 집중치료실의 그룹을 비교해야 한다는 것이다. 한 신생아 집중치료실의 어떤 엄마가 캥거루 마더 케어를 시작하면 다른 엄마들도 바로 자기 아기에게 이 케어를 해 주고 싶어 할 테니 말이다.

우리는 2009년에 서부 아프리카의 말리에서도 캥거루 마더 케어를 실시했다. 이를 시작할 때만 해도 영아 사망률은 90%에 육박했다. 그런데 캥거루 마더 케어가 의례적으로 실행되자 사망률이 45%까지 내려갔다. 안타깝게도 더 낮추지는 못했는데, 그 이유는 아기를 여러 질병으로부디 구해낼 다른 의료 기술도 같이 필요했기 때문이다. 따라서 캥거루 마더 케어는 신생아 간호에 있어 그 효과가 높은 보완의 수단이라고 보는 것이 맞겠다. 캥거루 마더 케어와 각각의 상황에 적절한 의료기술이 함께 행해진다면 가장 이상적이라 할 수 있다.

Chapter 3

680g의 아기도 건강하게 키운
아프리카의 조이 론 박사

♥ ♥

조이 론 박사는 아프리카에서 태어났으며 수없이 많은 엄마와
아기를 도와 일했다. 그녀는 숙련된 소아과 의사고, 신생아과에서 20년이 넘게 근무한
출산 전후 전염병 학자이자 캥거루 마더 케어의 강력한 지지자다.

인큐베이터에서보다
엄마 가슴에서 더 잘 크는 아기

나는 아프리카에서 일하는 게 좋아서 소아과를 택했다. 또한 지구촌 전체의 의료 실정에도 아주 관심이 많다. 현재 매년 전 세계에서 수백만 명의 신생아가 죽어 가고 있으며 그중 반은 출생 시 체중이 2kg도 안 되는 미숙아다. 이런 아기는 너무나도 작고 불안정하며 몸의 장기들 역시 완벽하게 발달하지 못해서, 살지 못할 거라고 이야기한다. 또 이런 아기가 살기 위해서는 첨단 기술의 개입이 필수라고 생각하기도 한다. 그래서 부모와 의료진은 관련 장비들이 없으면 더 이상 희망이 없다고 느낀다.

하지만 미숙아를 살려내는 방법은 분명 있다. 태어날 때 체중이 700g 정도밖에 되지 않았던 작은 아기도 잘 자라서 행복하고 건강한 성인으로 커간다. 필요한 건 적절한 지식과 이를 행동으로 옮기는 인내심뿐이다. 이런 의미에서 캥거루 마더 케어는 미숙아를 살리는 한 방법이며, 신생아 사망률을 거의 절반만큼 감소시킬 정도로 그 효과가 높다.

30여 년 전 콜롬비아에서 시작된 캥거루 마더 케어는 아프리카에서 관례가 되었고, 이제 막 호주에도 도입되기 시작했다. 아프리카 사람들은 캥거루가 살지도 않는 이곳에서 캥거루 마더 케어라는 용어를 쓴다는 사실에 가끔 혼란스러워하기도 하지만 말이다.

캥거루 마더 케어는 고도의 의료 장비보다도 훨씬 더 좋은 효과를 낸다. 이 케어는 이제 스칸디나비아 같은 고소득 지역에서도 실시되고 있으며, 그 결과도 긍정적이다.

미숙아는 특별히 필요한 것이 많다. 호흡이 곤란할 때 소생술을 해주어야 하고, 따뜻하고 건강한 상태로 유지해 주어야 하며, 산소 공급이 필요할 때도 있다. 감염되었을 때는 즉각적인 치료가 필수다. 이 모두를 위한 설비가 없으면 아기는 그대로 죽을 수도 있다. 이쯤에서 나는 다시 강조하고 싶다. 이런 불필요한 유아 사망을 사전에 방지하는 데는 캥거루 마더 케어만한 것이 없다.

말라위에서 680g의 체중으로 태어났지만 캥거루 마더 케어로 살 수 있었던 한 아기가 있다. 내가 그 아기의 엄마를 만났을 때, 그녀는 이 케어를 다른 엄마들에게 설명해 주고 있었는데 정말 보기 좋았다. 또 나와 동료들은 출생 체중이 1kg이 채 되지 않은 한 아기의 사진을 찍어 보고서를 작성하기도 했다. 그 아기에게 캥거루 마더 케어를 실시하고 두 돌이 될 때까지 추적 검진을 계속했는데, 결과는 상당히 만족스러웠다.

내가 가나에서 일했을 때 아직 살아있는 아기를 영안실로 보내는 경우를 보았다. 병원에서 아기가 살아날 가망이 없다고 판단했기 때문이었다. 하지만 이제 더 이상 그런 일은 일어나지 않는다. 사람들이 적절한 순간에 캥거루 마더 케어를 실시하고 있고, 그 효과에 대해 확신하기 때문이다. 그곳의 의료진은 이제 아기를 실제적으로 도울 수 있는 방법이 있다고 생각하기 시작한 것이다.

현재 나는 정책 입안자들과 함께 일한다. 그런데 그들에게 얘기를 꺼내려고 하면 신생아 관리 측면에서의 투자 가치를 증명하는 데이터를 요구한다. 여태껏 나와 동료들은 미숙아를 살리는 몇 가지 방법에 대해 검토해왔다. 그중 하나가 캥거루 마더 케어였고, 우리는 실질적인 증거를 바탕으로 이 케어를 체계적으로 검토했다. 그러자 내가 이 케어에 대해 보고 겪은 것을 뒷받침하는 사실과 수치를 얻을 수 있었다. 이 케어는 정말 기본적인 시설만 있는 곳에서도 할 수 있으며, 실제로 많은 생명을 구할 수 있다. 이런 연구를 통해서 얻은 분석과 비율 수치를 바탕으로 정책 입안자들을 설득할 수 있을 것이다. 이 케어가 미숙아 사망률을 절반까지 감소시킬 만큼 아주 효과적인 정책이 될 것이고, 신생아 간호의 질을 높이는 놀라운 출발점이 될 것이라고 말이다.

신생아 사망률을 0.2%까지 줄이는 효과

아프리카에서는 해마다 약 120만 명의 아기들이 죽어가고 있다. 그래서 정책 입안자들에게 이 케어를 위한 병동을 세워 줄 것을 요청하면 그들은 이 케어가 신생아 사망 수치를 구체적으로 얼마나 줄일 수 있는지를 되묻는다. 호주나 영국 같은 고소득 국가에서는 1,000명 중 30~40명의 사망률을 1,000명 중 2명 정도까지로 줄일 수 있다고 한다. 고소득 국가에서는 아기의 건강에 있어 체중 증가나 유대감, 모유 수유, 지적 발달 등에 초점을 맞추지만, 저소득 국가는 우선 아기의 생존이 제일 급하다. 캥거루 케어는 그런 모든 사항을 개선할 수 있기 때문에 유익하다.

아기 엄마들 역시 이 케어의 덕을 많이 보았다. 자기 아이를 다루는 데 있어서 보다 더 자신감을 갖게 되었고, 양육에도 더 적극적으로 참여하는 것이었다. 인큐베이터는 여전히 유용한 장비지만, 엄마와 아기는 유리벽을 사이에 두는 것보다 직접 맨살을 맞대야 얻는 게 더 많다.

캥거루 마더 케어는 간단하고, 자연스러운 육아법이다. 이때 엄마들은 수유를 하는 법을 익혀야 한다. 모유 수유는 단순히 아기와 엄마가 살을 맞대는 것 그 이상이다. 그런데 1kg도 안 되는 조그만 아기에게는 모유 수유를 하기 어려울 수 있으므로 전문가의 도움이 필요하다. 엄마는 모유를 짜는 법과 짜낸 모유를 아기에게 주는 법, 아기를 바른 자세로 안는 법을 배워야 한다. 또 자신의 아기가 언제 의료적인 도움이 필요한지도 알 수 있어야 한다. 부모와 아기와 살을 맞대고 안아 준다는 것은 육아의 기본이라 하겠지만, 사실 캥거루 마더 케어는 그보다 훨씬 더 포괄적인 개념이다.

캥거루 마더 케어를 하면 부모의 스트레스가 줄어들고, 산후우울증의 우려가 감소된다. 엄마뿐만 아니라 아빠나 다른 가족도 이 케어를 할 수 있으므로, 온 가족이 하나 되어 아기를 환영할 수 있는 좋은 방법이다. 엄마의 스트레스가 줄어들면 산후조리 기간도 짧아지고 혈압의 상태도 좋아지곤 한다. 고소득 국가에서의 캥거루 마더 케어는 엄마와 아기가 보다 빨리 퇴원하

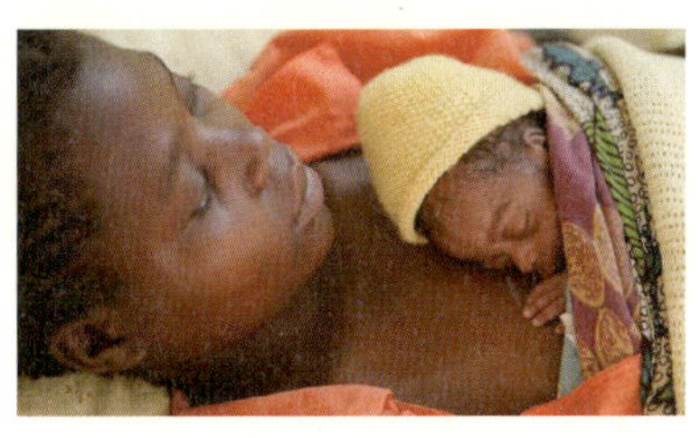

♥ 케어를 받으며 잠든 아기(사진 : 세이브 더 칠드런)

도록 돕고, 엄마가 갓난아기를 돌보는 데 더 자신감이 생기게 한다. 따라서 이 케어가 콜롬비아나 아프리카 같은 빈곤 지역만을 위한 것은 아니다.

엄마 가슴에 안긴 채 받는 치료

에티오피아를 비롯한 일부 국가에서는 5% 정도의 아기들이 가정 분만으로 태어나고 있음에도 불구하고, 병원에서의 캥거루 마더 케어에 대해서만 초점을 맞추고 있다. 나라에서는 가정 분만을 한 엄마들이 집에서도 케어를 효과적으로 할 수 있게 방법을 안내해야 한다.

또 하나 실망스러운 것은 말라위 같은 일부 저소득 국가에서는 질 높은 캥거루 마디 게이 프로그램을 실시하고 있음에도 불구하고 충분한 지원을 못 받고 있다는 것이다. 단 한 명의 간호사가 20명에서 30명 정도의 산모를 돌보아야 하는 캥거루 마더 케어 전문 병동도 있다.

케어에 대한 대부분의 정보는 엄마들의 입에서 입으로 전해진다. 어떻게 이 케어를 제대로 할 수 있는지, 어떻게 어려운 상황을 극복해 나갈 것인지에 대해 엄마들끼리 얘기를 나누는 것이다. 또 엄마들은 모유 수유나 아기를 안는 올바른 자세에 대해 대화를 나누고, 집에서는 어떻

게 하는지에 대해 서로 묻고 답한다. 이렇게 대화를 통한 정보 전달은 아주 효과적이지만, 말로 하는 전달은 한계가 있다. 하지만 나는 엄마들에게 이를 적극 권장한다.

"아기들은 첨단 의료 장비가 없더라도 살아날 수 있어요. 캥거루 마더 케어가 아기에게 최선임이 확실하니까 겁먹지 마세요."

아프리카에서는 엄마들이 대부분 아기를 등에 업고 다니기 때문에 캥거루 마더 케어를 하는 엄마는 가끔 비웃음을 샀다. 아기를 거꾸로 업고 다닌다며 놀림을 받은 것이다. 그래서 우리는 미디어를 통한 캠페인과 공중 보건 홍보를 통해 이 문제를 지역사회에 시사했다. 미숙아를 돌보는 데는 이 케어가 최선책이라는 사실을 보여 주고 싶었다.

하지만 결국 지역사회를 설득시킨 것은 엄마들의 실제 경험담이었다. 엄마들은 자그마한 미숙아였던 자신의 아기가 이 케어를 하며 어떻게 살아났는지를 얘기했다. 이렇게 이야기를 나누는 게 아기를 반대로 안고 다닌다는 불명예의 오해를 풀어 준 것이다. 그래서 아프리카 사람들은 캥거루 마더 케어가 엄마와 아기 모두에게 득이 되는 실천임을 깨닫게 되었다.

캥거루 마더 케어에는 지속적인 케어와 간헐적인 케어, 두 가지가 있다. 어떤 병원에서는 간헐적으로 케어를 실시하는데, 아기는 하루에 몇 시간 정도만 엄마에게 안겨 있게 된다. 물론 간헐적으로 해도 도움이 되긴 하지만 사실은 지속적으로 행해질 때 가장 효과가 높다. 스웨덴과 같은 고소득 국가에서는 캥거루 마더 케어가 아기의 출생 직후에 시작되며, 아기가 엄마의 가슴 위에 놓인 채로 모든 의료 조치가 이루어진다.

반면 저소득 국가에서는 아기가 안정되어 산소 호흡기나 소생술 등을 더 이상 필요로 하지 않을 때 비로소 케어를 시작한다.

안타깝게도 가나 같은 국가의 병동에는 남는 공간이 거의 없다. 가나에서는 90명에서 100명 정도 되는 아기들이 작은 공간에 함께 있는 모습을 흔히 볼 수 있다. 엄마들이 편안히 캥거루 마더 케어를 해 줄 공간이나 가구가 마련되어 있지 않다. 심지어 인큐베이터 옆에 앉아 아기를 안아 줄 수 있을 만한 작은 의자를 두는 것도 안전하지 않다. 그렇게 밀집한 병동에서는 간헐적인 캥거루 마더 케어가 더 현실일 것이다. 경우에 따라서는 엄마도 아기가 살 거라고 확신하지 못할 수 있다. 아기가 엄마로부터 떨어져 인큐베이터에 들어가면 떨어져 있는 시간이 엄마와 아기 모두에게 부정적인 영향을 끼치는 것이다.

정확한 지식의 결여는 항상 문제가 된다. 몇 년 전 우간다 의회에서 영아 사망률을 줄이는 방법을 논의한 적이 있다. 한 의원이 석탄 난로를 사용해 아기들을 따뜻하게 해 주자는 무지한 발언을 한 것이다. 그런데 그 내용이 시사만화로 그려져 사람들의 주목을 받았다. 얼마 후 어떤 신문사에서 캥거루 마더 케어에 대한 보충 기사를 내보냈고, 이것이 많은 사람을 일깨워 주는 계기가 되었다.

캥거루 마더 케어의 절차가 너무 복잡해 보이면 이 케어를 주도하는 공동체 내에서 자체적 문제점이 발생한다. 사람들이 복잡하고 번거로워 보인다는 이유로 시도조차 안 하려 들 수 있다는 것이다. 이 케어를 기꺼이 시도하고자 하는 부모도 옆에서 도와줄 사람이 없어 어려움을 겪게 된다.

한편, 이 케어의 전문가가 직접 교육을 맡아 가르치는 병원이 있더라도 그 전문가가 지역사회 전체와 정보를 나누는 데는 관심이 없어 문제가 되기도 한다. 정보가 아주 작은 공간에서만 통용되는 것이다. 어느 한 장소에서 이 케어를 시작할 때, 책임자는 체계적인 접근을 시도해야 한다. 다른 장소와 병원에도 이 케어가 어떻게 보급될 것인가를 구상해야 한다. 더 나아가 캥거루 마더 케어 프로그램은 국가 정책 및 지도자 양성 계획 역시 포함해야 하기 때문에 간단한 문제가 아니다.

이 케어를 받아들이는 데 있어 문화가 영향을 미치는 경우도 있다. 예를 들어 나이지리아 북부 여자들은 정숙함을 지키기 위해 엄마가 아기를 옷 속으로 고정시켜 안는다. 반면에 파키스탄이나 방글라데시, 인도 교외 지역에서는 문화적인 문제로 인해 이 케어가 성공적으로 보급되지 못했다고 추측하고 있다.

♥ 캥거루 마더 케어를 하고 있는 아프리카 말리의 산모들

 또 이 육아법이 빠른 퇴원을 가능하게 하고, 병원 측의 비용을 절감할 수 있음을 명확히 밝혀야 할 것이다.

부모가 병원 행정팀을 설득하는 가장 효과적인 방법은 이 케어를 어떻게 실시하는지 알려

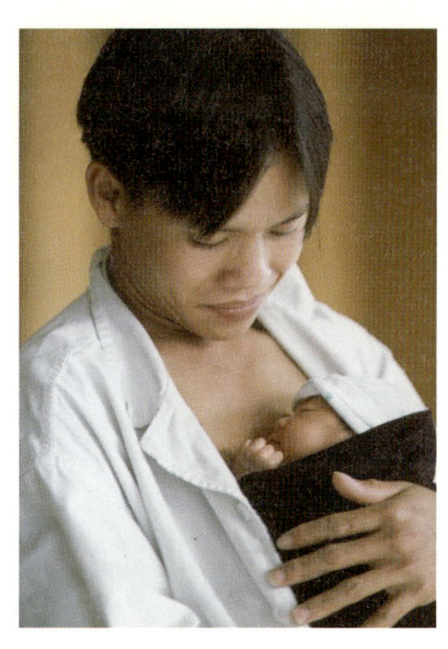

♥ 베트남의 아기 아빠인 마이클 비세글리Michael Bisceglie

주는 것이다. 나와 동료들은 탄자니아에 처음으로 캥거루 마더 케어를 도입했을 때 제일 먼저 말라위 지역으로 향했다. 그 나라의 정책 입안자들에게 이 케어를 어떻게 하는지 직접 시범을 보여 주기 위해서였다. 내 경험상으로 이 전략은 항상 성공적이다. 그들은 결국 캥거루 마더 케어를 인정하게 되었으니 말이다.

Chapter 4

콜로라도 주의
두 아이 엄마 레이니

♥ ♥

레이니는 사랑스런 아내이자 두 아이를 가진 주부다.
지난 몇 년 동안 그녀는 관심을 온통 딸 페이스에게 쏟으며 살았다.
엄마의 사랑과 캥거루 마더 케어 덕분에 페이스는 이제 건강하고 행복하게 자라고 있다.
현재 레이니는 자신의 경험을 살려 다른 이들을 돕기 위해
조산 도우미(산후조리 기간 중 의학적인 것 이외의 도움을 주는 사람) 연수를 받고 있다.

정확한 출산 정보를 알아 두자

내 아기 페이스는 38주째에 미숙아로 태어났다. 정상 분만이었는데도 마치 제왕절개라도 한 것 같은 느낌이 들었다. 아기를 낳자마자 의료진이 데려가서 고작 몇 초 동안밖에 볼 수 없었기 때문이었다. 딸아이는 태어난 지 6일이 지나도록 수장이 몸 밖으로 나오는 복벽 결손이 있었기 때문에 복벽 결함을 선천적으로 가지고 태어난 신생아가 단계적으로 하는 봉합인 복벽 결함 실로 백^{A Ventral Wall Defect Silo Bag}을 달고 있어야 했다. 페이스가 많이 아파서 만지는 것은 물론이고 움직여서도 안 됐는데 그것 때문에 우리도 너무 괴로웠다. 태어난 지 8일째가 되어서야 드디어 페이스를 안아 볼 수 있었다. 아기는 아직 산소 호흡기에 의존하고 있는 상태였다.

우리는 원래 가정 분만을 계획하고 있었다. 28주째가 되었을 즈음 가정 분만에 문제가 없는지를 확인하러 병원에 가서 초음파 검사를 했다. 그런데 초음파 검사를 하던 중 아기가 배벽 갈림증Gastroschisis을 가지고 있음을 알게 되었다. 나는 어쩔 수 없이 위험 수위가 매우 높은 출산으로 분리되어 특별 산부인과 조치를 받아야만 했다.

나는 결국 경막외 마취제를 맞으며 병원에서 정상 분만을 했다. 의료진은 계속해서 나를 모니터로 관찰했는데 정말 기분 나쁜 느낌이었다. 나를 도와줄 조산사조차 곁에 없었다. 하지만 다행히 출산은 잘 진행되었고 페이스의 배벽 갈림증 문제 이외에 다른 것은 괜찮은 편이었다.

아기는 처음엔 스스로 호흡할 수 있었다. 6일째 되던 날 실로 봉합 수술을 하고 난 뒤에는 산소 호흡기에 의존해야 했지만 말이다.

임신 중에 우리 아기가 앞으로 아플 거라는 것, 태어나기도 전에 죽어버릴지 모른다는 것을 안다는 것 자체가 정말 끔찍했다. 우여 곡절 끝에 출산 후 8일째가 되어서야 우리 부부는 처음으로 아기를 안을 수가 있었다. 그런데 아기가 태어난 지 2주쯤 되자 이번엔 설상가상으로 가슴 내에 체액이 고이는 것이 발견됐다. 즉시 아기의 양쪽 가슴에 튜브를 삽입해야 했으므로 또 다시 아기를 안아 줄 수 없게 되었다.

아기가 이런 상태일 경우, 대개는 모유에 있는 지방조차 소화시킬 수 없다고 한다. 그래서 모유에서 지방을 제거한 것을 먹이거나 조제분유를 먹여야 했다. 결국 우리는 한 달이 지나도록 페이스를 안아 볼 수 없었다. 더군다나 일주일 후 페이스는 또 다른 수술을 받아야 했다.

그래도 페이스는 운이 좋은 편이었다. 시설이 정말 좋은 신생아 집중치료실에서 4개월을 보낸 것이다. 그곳에 있는 내내 개인 공간을 가질 수 있었으므로 나는 늘 아기와 함께였다. 내가 처음 캥거루 마더 케어를 해 주었을 때, 페이스는 여전히 인큐베이터에서 지내고 있었다. 그래서 온몸 여기저기에 갖가지 선이 매달려 있는 상태였다. 나는 혹시나 실수로 선을 하나라도 잡아 빼버릴까 봐 벌벌 떨어야 했다.

아기는 젖을 먹는 것에는 전혀 관심을 보이지 않았지만, 캥거루 마더 케어는 분명 우리 두 사람을 안정시켜 주었다. 이 케어를 해 줄 때 모니터에 나타난 상태 수치는 아기가 태어난 이후 그 어느 때보다도 양호했다. 그렇게 캥거루 마더 케어를 하며 두세 시간 정도 앉아 있었는데, 정말 신기할 정도로 기분 좋은 경험이었다.

안타깝게도 나는 그 후로 두세 번 정도밖에 캥거루 마더 케어를 할 수 없었다. 아기가 커감에 따라 젖을 먹고 싶어 했는데, 이 병원은 모유 수유가 금지되어 있었기 때문이다. 내 맨가슴에 맞닿아 있는 것이 아기에게는 아마 고문처럼 느껴졌을 것이다. 젖을 너무 먹고 싶은데도 먹을 수가 없었으니까 말이다. 아기는 그만큼 본능적으로 젖을 먹고 싶어 했다. 그래서 닿을 듯 말 듯한 젖 냄새를 맡으면서도 찾아 먹지 못하는 것에 대해 아주 힘들어하는 것 같았다.

그래서 결국 거의 남편이 캥거루 마더 케어를 해 줬다. 남편은 우리 모녀가 주중에 계속 병원에 있는 바람에 같이 있을 수 없는 것을 정말 속상해했다. 그래서 대신 주말에 아기에 이 케어를 해 줄 때면 참 행복해했다. 엄마인 나조차 케어를 못 해 주는 상황에서 자신이 딸아이를 편하게 해 줄 수 있는 걸 알고는 아주 뿌듯한 모양이었다. 그러면서 아기에게 더 깊은 애착을 느끼는 듯했다.

우리 딸아이는 처음에는 그다지 빨리 자라는 편이 아니었다. 갓 태어 났을 때 약 2.7kg이었는데, 4개월이 지난 후에도 겨우 약 4.1kg밖에 되 질 않았다. 소장이 제대로 기능하지 않아서 아무것도 먹을 수가 없었다. 항상 정맥 주사를 통한 영양에 의존했다. 하지만 아기의 인지 발달은 제 대로 진행되고 있었다. 우리 부부는 그것이 캥거루 마더 케어를 통한 부 모와의 활발한 상호작용과 우리의 정성 덕분이라고 믿는다. 다행히 간 호사들은 캥거루 마더 케어에 대해 매우 협조적이었고, 병원에서는 이 제 모든 부모에게 이 케어를 강력히 권하는 프로그램을 시작했다.

나는 갓 태어났을 때의 페이스처럼 정서적 문제를 갖고 있는 아기를 많이 알고 있다. 그런 아기들은 쉽게 화를 내고 즐겁지 않은데다 자신이 안전하지 못하다고 느낀다. 하지만 페이스는 이제 완전히 다른 아이가 되었다. 나는 우리 아이를 행복하게 만드는 데 캥거루 마더 케어가 큰 역 할을 했다고 믿는다.

또한 캥거루 마더 케어는 내게도 큰 도움이 되었다. 당시 나는 아기에 게 무엇이든 해 주고 싶은데 그러지 못해서 속상했다. 아기에게 모유를 먹일 수도, 아기와 함께 잘 수도 없었으니까. 하지만 이 케어를 하는 동 안 모든 상실감을 잊곤 했다. 우리 부부는 아기에 피를 뽑거나 다른 무리 한 의료 조치를 하고난 다음에도 아기를 이 케어로 달래 주곤 했다. 정 상적인 아기였다면 모유를 먹이며 얼러 줄 수 있었겠지만, 그럴 수 없었 기에 대신 캥거루 마더 케어를 해 주었던 것이다. 아기를 달래 줄 수 있다 니! 그 사실만으로도 정말 기뻤다. 난 더 이상 무용지물인 엄마가 아니었던 것이다.

우리는 집에 돌아와서도 캥거루 마더 케어를 몇 차례 더 시도했다. 그러나 아기는 결국 감각 기관에 약간 문제가 생겨서 자기를 계속 만지는 걸 싫어했다. 아마도 신생아 집중치료실에서 의료진이 돌볼 때 불편하게 다루어져서 그렇게 되지 않았나 싶다. 아기를 내 셔츠 안으로 넣어 안아 주려고 여러 번 노력했지만, 아기는 5분에서 10분 정도만 견디고는 성을 내면서 그만 내려 주길 원하는 것이었다. 아마도 병원에서 자기 몸을 이리저리 찔러대는 것에 지나치게 자극을 받아 지쳐 있었던 것 같다. 나는 의자에 앉아 캥거루 마더 케어를 하게 되면 팔과 어깨가 쉽게 저린 다는 것을 금방 깨달았기 때문에 아기용 캐리어를 사용해서 아기를 맨살에 올려놓곤 했다.

큰아이를 낳는 과정에서 이미 캥거루 마더 케어에 대해 어느 정도는 알고 있었다. 임신 중에 누가 이 케어에 대해 직접적으로 말해 준 적은 없었다. 하지만 아들이 아주 어렸을 때 아이를 셔츠 안에 넣어 맨살로 안아 준 적이 있었던 것이다. 그건 정말 좋은 경험이었고 우리 모자 간의 유대감과 애착을 키우는 데 도움이 되었다. 아들은 아주 안정적이고 독립적인 성향이 강한 아기였다. 그 애는 내가 항상 곁에 있을 거라는 걸 믿고 있었다. 아이는 5, 6개월쯤 되자 혼자 바닥에서 놀기 시작하더니 내가 바로 옆에 있지 않더라도 항상 곁에 있다는 사실을 아는 듯했다. 아마 캥거루 마더 케어의 경험이 아기의 자신감을 북돋아 준 모양이다.

미리미리 준비하는 출산 계획

조산 도우미란 임신, 출산, 산후조리 기간 동안 임산부를 정서적·신체적으로 도와주는 역할을 하는 사람이다. 나는 현재 조산 도우미로서 임산부가 자기 자신을 위해 최선의 선택할 수 있도록 준비시키고 교육하는 일을 하고 있다. 이 일을 하는 게 너무나 즐겁다. 아이들이 다 자라면 병원 밖에서 일하는 조산사가 되고 싶다.

내가 첫 아이를 낳기 전에 누군가 캥거루 마더 케어에 대한 직접적인 정보를 조금만 주었더라면 큰 도움이 되었을 거라 생각한다. 그래서 나는 조산 도우미의 입장에서 내가 돌보는 임산부들에게 이 케어를 알려 준다. 물론 이들 대부분이 정상적으로 아기를 낳고, 아기가 거의 아프지 않지만 말이다. 그렇다 하더라도 임산부들이 출산 전에 캥거루 마더 케어에 대한 교육을 받고 이를 실시할 수 있는 선택권을 가지고 있음을 아는 게 중요하다고 본다. 이런 정보 없이는 아기를 맨살에 올려놓는다는 건 쉽게 떠올리지 못할 것이다.

나는 새내기 조산 도우미다. 이제까지 겨우 네 명의 임산부를 도왔을 뿐인데, 그중 세 명에게 아기를 낳자마자 캥거루 마더 케어를 하게 해 주었다.

나의 네 번째 고객은 이제 언제 아기를 낳을지 모를 만삭의 임산부다. 이 부부는 출산 계획서를 만들어 놓았다. 만약 제왕절개를 하게 되어 엄마가 캥거루 마더 케어를 할 수 없다면 그 즉시 아빠가 대신 하기를 원한다고 적었다. 그런 식으로 네 명의 고객 모두 아기가 태어나자마자 '맨살'로 안아 주기를 원한다는 것을 의료진에게 미리 알려 놓았다. 앞서 이야기했듯이 맨살 접촉은 아기와 엄마 사이의 유대감을 키우는 것은 물론 전반적인 산후 경험에 많은 도움이 되기 때문이다.

나는 임산부들에게 캥거루 마더 케어와 맨살 접촉이 아기의 체온과 호흡 조절에 미치는 좋은 영향에 대해 설명한다. 병원에서는 의료진이 아기가 태어나자마자 더 따뜻한 곳으로 데려가는 것이 일반적이지만 그건 불필요하다고, 그 대신 아기를 엄마의 가슴 위에 올려놓기만 하면 된다고 말이다. 그것만으로도 아기가 따뜻하게 유지된다.

내가 일하는 병원의 의료진들은 거의 내 제안을 받아들인다. 산부인과 의사들은 대부분의 결정에 동의하는 편이지만, 어떤 부분에 있어서는 망설이고 핑계를 대기도 한다. 의사들은 대체로 일을 효율적으로만 진행하려 하고, 자신들의 규정에서 벗어나는 경험이 긍정적일 수도 있다는 사실을 외면하는 경향이 있기 때문이다.

예를 들어 어떤 산부인과 의사는 탯줄을 시간이 좀 지난 뒤에 자르는 것을 반대한다. 나는 임산부들에게 아기 쪽 태반에는 혈액이 포함되어 있으므로, 탯줄 자르는 것을 연기함으로써 피가 잘 통하게 할 수 있다고 말한다.

하지만 의사들은 그렇게 하면 황달이 생길 수도 있다며 반대하는 것이다. 이건 정당한 반박이 아니라고 본다. 탯줄을 일찍 자르는 것도 아기가 빈혈에 걸릴 위험을 증가시키기 때문이다. 태반은 아기에게 중요한 산소 공급원이기도 하다. 따라서 갓난아기가 호흡에 어떤 문제가 생길지도 모르는데 빨리 탯줄을 자르는 것은 이치에 맞지 않는다고 믿는다. 내가 이에 대한 많은 연구 자료를 인터넷에 올려놓아서 내 고객들은 언제든 웹사이트에서 그것을 찾아 읽을 수 있다.

나는 조산 도우미로서 맨살 접촉이 부모와 아기 모두에게 중요하다고 자신 있게 말할 수 있다. 부모와 아기는 하나가 되고, 부모는 아기에 대해 더 잘 알게 된다. 그리고 아는 만큼 자신감을 갖는다. 그러니 임신 중에 캥거루 마더 케어에 대해 배우고, 출산을 돕는 사람들과 미리 이 케어에 대해 논의해야 한다. 그렇게 함으로써 부모들은 자신이 원하고 선택하는 방식으로 도움을 받을 수 있게 될 것이다.

모든 임산부가 출산 계획서를 꼭 써야 하는 것은 아니지만, 임신 중에 출산에 대한 자신의 신념이 무엇인지는 확인해 볼 필요가 있다. 출산에 관련해 어떤 가능한 시나리오들이 있는지, 각각의 시나리오에서는 무엇을 택할 것인지를 미리 대비해야 하는 것이다.

내가 아기를 낳을 때는 조산사가 가정 분만 때 뭐든지 내가 원하는 대로 도와줄 거라 믿어서, 딱히 별다른 출산 계획을 짜지 않고 있었다. 그 대신 출산 시 어떤 일이 일어날 수 있는지, 각각의 상황에서 어떻게 하면 좋을지를 교육 받아 알고는 있었다.

출산 계획을 짜는 것도 중요하지만 그것보다 더 중요한 것은 출산에 대한 정보를 얻는 일이다. 내가 아는 바로는 현재 대부분의 미국 여성이 출산 관련 정보를 많이 못 얻고 있다. 일반적인 병원의 출산 교육 강좌들은 그저 어떻게 하면 좋은 '환자'가 될 것인가만 가르치는 것이다. 안타깝게도 임산부가 질문하는 것을 좋아하지 않는 의료진도 있다. 대부분의 경우 출산 시 진통 완화에 대한 임산부의 선택권 정도만 알려 준다. 이런 상황이 크게 변하지는 않을 것이라고 본다. 병원 행정은 위험을 사전에 방지하는 데 주력한다. 어떠한 법적 책임이라도 지는 것을 꺼려하기 때문이다.

상황의 개선을 위해서는 병원이 돌아가는 방식에 근본적인 변화가 필요하다. 또 병원 밖에서 조산사의 도움을 받아 출산하는 임산부가 더 많아져야 한다. 하지만 가장 중요한 것은 엄마들이 캥거루 마더 케어에 대한 교육을 받아 이 육아법의 효과에 대해 알고, 실제로 아기가 태어났을 때 이를 해 줄 수 있도록 하는 것이다.

미국의 아기 엄마 매리

♥♥

매리의 아들 윌리엄은 출산 예정일보다 6주나 일찍 태어났다.
그녀는 아기가 태어난 직후, 겨우 3초 정도 밖에 아들을 안아 볼 수 없었다.
그렇지만 캥거루 마더 케어 덕분에 윌리엄은 이제 건강하고 행복하게 지낸다.

캥거루 마더 케어는
산모를 안심시켜요

임신 20주째에 접어들었을 때, 임신성 고혈압이 생겼다. 의사는 내게 계속해서 혈압을 유심히 체크해야 한다고 했다. 31주째 되던 6월 3일에는 임신중독증이라는 진단을 받았다. 즉시 병원에 입원해 24시간 간호를 받아야 했다.

얼마 후, 운이 좋으면 37주까지는 임신을 유지할 수 있을 것 같으니 꼼짝 말고 침대에 누워 있으라는 의사의 충고를 받고 집으로 돌아왔다. 초음파 검사를 하니 아기는 680g 정도로 아주 작았다. 이건 정상적인 임신 주기 태아의 하위 23%에 해당하는 수치였다. 아기의 상태를 계속 지켜보기 위해 매주 병원 진료를 예약해야 했다.

설상가상으로 2주 후 다시 초음파 검사를 했더니 아기의 체중이 줄어

겨우 1.35kg밖에 되질 않는다는 것이었다. 그래서 결국 2주마다 태아의 상태가 안전한지 알아보기 위한 비-스트레스 검사^{a fetal non-stress test}를 해야 했고, 나는 아기의 검진을 위해 계속 병원에 다녔다.

며칠 뒤, 여느 때처럼 샤워를 하며 비-스트레스 검사에 대비하고 있었다. 그런데 갑자기 메스껍더니, 결국엔 토해버렸다. 놀라서 바로 혈압을 쟀더니 170/120mmHg으로 위험 수준이었다. 그렇지 않아도 주말에 뱃속의 아기가 별로 움직이질 않아 이미 걱정을 하고 있던 터였다. 바로 병원으로 달려가 비-스트레스 검사와 초음파 검사를 받았는데 아기의 체중은 1.36kg였다. 이제는 같은 임신 주기 태아의 하위 11%에 해당하는 수치였다. 더군다나 양수마저 너무 적었다.

의사는 우리 부부에게 이제 때가 되었다고 했다. 나는 그때 임신 34주 4일째를 지나고 있었다. 하지만 이때는 아기의 폐가 완전히 발달하기에 충분하지 않은 시기였다. 우리는 인근 병원에서 재빨리 입원 수속을 밟았다. 의료진은 고혈압으로 인한 발작을 예방하기 위해 픽토신과 황산 마그네슘이 들어있는 링거를 내게 꽂았다.

오후 12시 30분 경, 내 자궁경부는 겨우 1cm밖에 확장되지 않았다. 결국 의사가 들어와 경부를 4cm까지 확장시켜 줄 폴리 도뇨관^{Foley catheter}을 장착해 주었다. 그러자 픽토신이 자궁을 수축시켜 진통이 심해졌다. 나는 평소 경막외 마취제를 반대했지만, 수축이 시작된 후 30분 만에 너무 아픈 나머지 그걸 부탁하고 말았다. 마취제의 효과가 퍼지자 곧 안정되는 게 느껴졌다. 그제야 비로소 아기를 낳는 데 힘을 쓸 여력이 생겼다.

남편과 가족도 병원에 모두 와 있었다. 모두 아기가 빨리 나왔으면 하고 간절히 바랐다. 의사가 들어와 폴리 도뇨관을 제거하고 양수를 터뜨렸다. 이때 자궁경부가 4cm 정도 확장된 상태였다. 내가 그리도 원하던 자연 분만이 이제 금방이라고 생각할 때의 그 흥분감이라니!

저녁 10시 경, 간호사가 점검을 하러 왔다. 아직 경부가 겨우 6cm만 확장된 상태였다. 아기도 나오느라 힘들어하고 있는 게 느껴졌다. 수축이 있을 때마다 아기의 심장 박동 수가 떨어지는 것이었다. 간호사는 만약 자궁경부가 더 이상 확장이 불가능하다면 제왕절개를 실시해야 할지도 모른다고 했다. 아기의 심장 박동이 줄어들었다는 게 그 이유였다. 하지만 그럴 필요 없도록 도와주겠다면서 링거액의 픽토신을 양을 급격하게 늘려서 확장 유도를 시도했다. 그러는 와중에도 나는 링거액 속의 황산마그네슘 성분 때문에 정신이 들었다 나갔다 했다. 무언가 말하다 말고 그대로 잠이 들곤 했다.

밤 11시 15분, 의사가 진찰을 위해 들어왔다. 여전히 자궁경부가 6cm밖에 확장되지 않았다. 수축이 있을 때마다 아기의 심장 박동 수는 이제 위험 수준까지 떨어졌다. 상황을 본 의사는 이제 더 이상 선택의 여지가 없다고 했다. 아기를 살리기 위해 즉시 제왕절개를 해야 했다. 나는 급히 수술실로 옮겨졌고 수술이 준비되었다. 남편이 옆에 있어 주길 간절히 바랐는데 의료진은 모든 것이 준비될 때까지 남편을 들어오지 못하게 했다. 복강신경총으로 내 몸의 감각이 모두 마비되고 난 후에야 남편이 들어왔다. 우리 두 사람은 잔뜩 겁을 먹은 상태였다.

마침내 6월 22일 밤 11시 23분, 우리 아들 윌리엄 제임스가 응급 제왕절개에 의해 태어났다.

아기는 1.75kg의 체중에 40cm의 신장으로 매우 작았다. 수술실 직원이 아기를 검진하기 시작했다. 그러자 아기는 조그맣게 소리 내며 몇 번 울었다. 의료진은 남편을 수술대로 부르고, 내 복부를 봉합하기 시작했다. 그들은 아기의 탯줄을 끊고 남편에게 안겨 주었다. 옆에 앉아서 내게 아기를 보여 주는 남편의 눈가에 눈물이 비쳤다. 나도 그 자리에서 울어버리고 싶은 심정이었지만, 복부를 봉합하는 동안 너무 많이 움직이면 안 되서 참는 수밖에 없었다. 검사 결과 윌리엄의 아프가Apgar 수치는 8~9였다. 정상이었다.

남편과 아기는 곧장 신생아 집중치료실로 가야 했다. 그동안 나는 수술대에서 상처를 봉합 받던 중 쇼크 상태에 빠졌다. 의료진이 나를 세게 흔들었지만 쇼크 상태와 황산마그네슘의 효과가 뒤섞여 자꾸만 의식을 잃었다. 그 다음에 기억나는 것은 남편과 함께 산후조리실로 옮겨지기 전에 곁에 있던 가족에게 인사를 건넨 것이다. 다행히 산후조리실에서는 지인들에게 아기가 태어났다고 문자 메시지를 보냈을 정도로 정신이 맑아졌다. 그때는 새벽 2시쯤 되었을 터였다.

다음 날은 하루 종일 황산마그네슘을 투여 받아야 했기 때문에 반 강제로 침대에 누워 있었다. 이 임신중독증약은 대개 출산 직후 24시간 동안 계속 투여하기 때문에, 아기를 보러 신생아 집중치료실에 갈 수 없었다. 다행히 그날은 남편이 아기 옆에 오래 같이 있어 주었다. 아기의 폐는 100% 완전히 기능하고 있다고 했다. 또 의료진의 말이 윌리엄은 미숙아치고는 상태가 아주 좋은 편이라는 것이다. 나는 금요일이 되자 퇴원할 수 있었다.

하지만 병원에 있는 동안 아기가 내 옆에 올 수 있는 시간은 오직 젖을 먹는 시간뿐이었다. 그러던 중 아기가 소화를 하는 데 문제를 보였다. 결국은 장에 많은 양의 가스가 차버렸다. 이 문제를 해결하기 위해 아기의 그 조그마한 배 안으로 튜브를 삽입해 가스를 빼내야만 했다. 의료진은 그 주 금요일부터 다시 먹을 것을 주기 시작할 계획이었지만, 이번에는 아기가 그만 황달에 걸리고 말았다. 아기는 황달 때문에 한참을 광선치료법에 쓰이는 빌리등Bili lights을 등 밑에 설치해야 했다. 결국 병원에 있는 동안 남편은 한 번, 나는 겨우 두 번만 아기를 안아 볼 수 있었다. 빌리등 치료를 받는 아기를 인큐베이터에서 꺼낼 수 없었기 때문이다.

집으로 돌아온 후에야 우리는 매일 아기를 보러 가서 좀 더 많이 안아 줄 수가 있었다. 아기는 내가 입고 있는 수유용 옷 안으로 미끄러져 들어갈 정도로 아주 작았다. 아기는 브래지어 위에 앉아 내 품으로 파고들곤 했다. 아기와 나는 그렇게 서로를 껴안고 담요로 둘러싸인 채 앉아 있곤 했다. 그리고 남편의 생일 그 다음 날인 7월 2일, 아기도 드디어 퇴원했디.

아기와 나, 모두에게 유익한 캥거루 마더 케어

앞서 밝힌 대로 나의 진통은 유도된 것이었고 진통이 시작된 지 12시간 만에 응급 제왕절개를 했다. 아기의 심장 박동은 거의 느껴지지 않았고, 측정도 잘 안 되어서 의사가 애를 먹었다. 아기가 태어났을 때 나는 아기를 겨우 몇 초 밖에 안아 줄 수 없었다. 게다가 당시 온몸으로 퍼져

나가던 약 기운 때문에 아기를 처음으로 안았던 그 순간의 감격이 잘 기억나지도 않는다. 임신중독증 때문에 혈압이 너무 높아서 온갖 약을 처방받고 있었던 것이다.

남편은 줄곧 신생아 집중치료실에서 아기와 함께 있었지만, 나는 그 이후 5~6일이 흐른 뒤에야 아기를 다시 볼 수 있었다.

간호사들은 캥거루 마더 케어에 매우 협조적이었다. 특히 캥거루 마더 케어의 중요성에 대해 잘 설명해 주었다. 퇴원 후 신생아 집중치료실를 처음 방문했을 때 나는 잠시 동안만 윌리엄을 맨살을 맞댄 채 안아 주었고, 그 후부터는 하루에 두 시간 정도 안아 주었다. 안타까웠던 건 내가 여전히 높은 혈압 때문에 약을 먹고 있었는데, 그 약이 몸을 상당히 피곤하게 만들었다. 그래서 두 시간 이상은 아기를 안아 줄 수가 없었다. 오랜 시간 똑바로 앉아 있다 보면 가끔씩 의식을 잃기도 했다.

남편은 셔츠를 벗고 맨살로 아기를 안는 것을 불편해했지만 며칠 동안 잘 참아 주었다. 윌리엄이 태어난 지 11일쯤 되자 나는 하루 종일 캥거루 마더 케어를 해 줄 수 있을 정도로 건강해졌다. 아기를 맨살에 안아 주기 위해 모비 랩(Moby Wrap, 아기띠)을 사용했는데, 상당히 편했다. 윌리엄은 이제 16개월이 되었는데 잘 자라고 있다. 감사하게도 건강에는 아무런

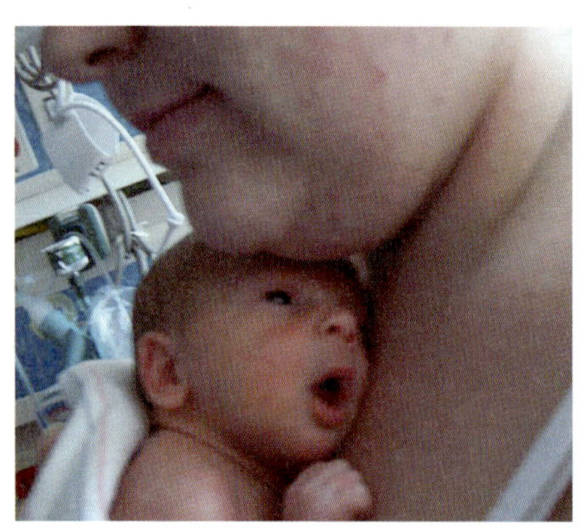

♥ 엄마의 맨가슴에 안겨 있는 윌리엄

문제가 없다.

아기와 떨어져 있는 동안 나는 온통 아기에 대한 생각으로 안절부절 어쩔 줄을 몰랐다. 당시 몸 상태가 나빴으니 내 건강 회복이 급선무였지만 아기에게 관심이 쏠리는 건 당연했다. 윌리엄이 내 품에 닿자 비로소 안심이 되었다. 그제야 마음이 차분해졌고 이런 감정의 변화가 몸의 회복에도 큰 도움이 되었다. 의사의 말에 따르면 내가 캥거루 마더 케어를 실시하는 동안 윌리엄의 건강 상태가 좋아짐은 물론이고 내 혈압도 안정되었다고 한다.

지금 생각해 봐도 캥거루 마더 케어는 아기와 나 모두에게 유익했다. 좀 더 일찍 시작하지 못한 것이 안타까울 따름이다. 의사들도 이 케어가 우리 모자의 건강 회복에 막대한 도움을 줬다는 걸 인정했다. 또 만약 이 케어를 더 일찍 시작했더라면 윌리엄이 신생아 집중치료실에서 한결 빨리 나올 수 있었을 거라는 점도 수긍했다.

운 좋게도 윌리엄이 머물렀던 신생아 집중치료실은 병원에서 직영하는 것이 아니라 소아병동에 의해 운영되고 있었다. 신생아 집중치료실에 만난 그쪽 출신 간호사들은 애들을 다루는 데 익숙한 사람들이어서 이해심도 많고 도움을 많이 줬다. 아직 아기에게 의료용 선이 주렁주렁 매달려 있는 상태였는데도 내가 캥거루 마더 케어를 할 수 있게 허락해 주었다.

나는 윌리엄을 낳기 전까진 캥거루 마더 케어에 대해 들어본 적도 없었지만, 그렇게 아기를 가까이 두고 싶은 마음은 모든 엄마의 본능이라고 생각한다. 만약 내가 윌리엄에게 캥거루 마더 케어를 실시하지 않았

♥ 모비 랩에 감싸져 있는 윌리엄

더라면 그렇게 금방 건강해지지는 못했을 것이다. 아기는 잘 자랐고 체중도 늘었으며, 열 달을 채울 때쯤 되자 건강상 정말 놀라운 발전을 이루었다.

캥거루 마더 케어의 핵심은 아기가 똑바로 엎드려 누운 자세에서 엄마의 피부에 맞닿게 하는 것이다. 그래서 엄마가 아기를 안고 있는 동안 아기에게 집중할 수가 있다. 다시 말해 아기의 행동과 신호, 움직임을 더 쉽게 파악할 수 있다. 내가 이 케어를 할 때 윌리엄은 내 몸에 파고들면서 스스로 알아서 젖꼭지를 찾아 물었다. 그렇게 젖도 아기가 원할 때 먹이니까 훨씬 수월했다.

또한 이 케어는 다른 가족에게 아기는 서로 돌려가며 가지고 노는 장난감이 아니라는 사실을 일깨워 주기도 한다. 윌리엄은 늘 내 가슴에 안겨 있었기에, 가족은 이를 보고 갓난아기는 엄마와 같이 있는 게 제일 중요하다는 무언의 메시지를 받았던 것이다.

산후우울증에도 캥거루 마더 케어로

병원은 자연스러운 모성 본능을 인정해야 한다. 의료진은 엄마와 아기가 서로 꼭 껴안는 게 자연스러운 행위임을 받아들이고 캥거루 마더 케어를 권해야 한다. 아기가 태어나자마자 케어가 자연스럽게 이루어질 수 있도록 출산을 준비하는 임신부에게 조기에 가르쳐 주어야 한다. 이 케어 자체를 '엄마가 된다'는 의미의 일부분으로 받아들이게끔 적절한 교육이 필요하다.

캥거루 마더 케어에 대한 사전 지식이 전혀 없었던 내 남편도 처음에는 불편해했지만 결국에는 익숙해졌다. 심지어 나중에는 이 케어를 해 주니까 잠도 잘 온다고 했다.

윌리엄이 태어나고 내 출산휴가가 끝날 때까지 8주 동안, 우리는 거의 하루 종일 캥거루 마더 케어를 했다. 아직도 아이가 가끔 지나치게 활동적이거나 흥분하면 맨살로 안아 주곤 한다. 물론 이제는 아이가 너무 커서 모비 랩을 사용하지는 않는다. 그 대신 우리는 서로 꼭 껴안는다. 윌리엄은 이제 캥거루 마더 케어가 익숙해졌는지 잘 때도 내 가슴 위에 눕곤 한다.

안타깝게도 윌리엄이 태어난 지 8개월 후 산후우울증이 찾아왔다. 바로 일터로 돌아가느라 아기와 같이 있어 주지 못하는 것에 대해 죄책감을 느꼈던 모양이다. 임신중독증, 조산, 응급 제왕절개 등을 거쳤으니 우울증에 빠질 만도 했디. 아쉬웠다. 일하러 나가는 대신 집에서 아기에게 캥거루 마더 케어를 해 줄 수 있었다면 아마 우울증이 생길 일은 없었을 텐데. 그 후로 나는 연구 자료를 찾아 읽다가 아기와 항상 같이 있는 것이 특정 호르몬을 자극한다는 것을 알았다. 아기와 캥거루 자세로 있을 때 더 큰 행복을 느끼는 것과 연관이 있는 듯했다.

아기와 맨살을 맞댄 채 안아 주는 것은 엄마가 엄마로서의 역할에 쉽게 적응하도록 도와준다. 또한 위에서 말했듯이 흥분한 아기를 안정시키는 데도 도움이 된다. 내가 일하고 있는 동안에 남편이 아이와 함께 있어 주긴 했지만, 내가 직접 아이를 얼러 주지 못한다는 사실이 속상했다.

나는 세상의 모든 엄마에게 아기와 늘 가까이 있고 계속해서 안아 주라는 말을 전하고 싶다. 사람들이 아기를 그냥 돌려가며 안도록 하지 말고, 당신 자신의 기분을 우선적으로 돌아보고, 아기의 감정과 행동을 읽는 법을 길러 나가라고 말하고 싶다. 캥거루 마더 케어를 시작하면 늘 아기와 가까이 있으니 서로를 관찰하고 적응해 가는 것은 그리 어렵지 않을 것이다.

만약 내 경험과 비슷한 상황이 닥치더라도 부정적으로 생각하지 않길 바란다. 나는 아기가 태어났을 때 단 몇 초밖에 함께 있을 수 없었지만, 부족했던 시간만큼 나중에 함께함으로써 보충할 수 있었다. 캥거루 마더 케어를 조금씩 하는 것으로 시작하여 점차 시간을 늘려 지속적인 습관으로 만들어나가면 된다.

아기를 낳은 직후 캥거루 마더 케어를 할 수 있는 상황이 아니었다는 이유로 기회를 놓쳤다고 생각할 수도 있다. 나도 처음엔 그렇게 느꼈으니까. 하지만 이렇게 생각해 보라. 캥거루 마더 케어를 하는 시간이 앞으로 당신이 아기와 함께할 긴 여정의 일부분이라고. 시작이 좀 늦더라도, 가능한 자주 아이를 안아 주면 되는 것이다. 지금 내 아기를 보고 있노라면, 우리 부부가 여태까지 놓친 게 하나도 없었음을 깨닫는다. 얼마나 예쁜지!

♥ 건강한 모습으로 자라고 있는 윌리엄

남아공의 조산사 마리안

♥♥

마리안 리틀존은 세 아들의 엄마이자 조산사다.
그녀는 현재 남아프리카공화국의 케이프 타운에서 가정 분만을 돕고 있다.
그곳에서 캥거루 마더 케어에 대한 깊은 연구를 해왔다.
마리안의 고객들은 그녀를 '트와니'라고 부른다.
트와니는 줄루어로 '소녀'라는 뜻이다.

맨살 접촉으로 커지는 유대감

나는 첫째 아이도, 둘째 아이도, 셋째 아이도 모두 집에서 낳았다. 아들 세 명을 모두 가정 분만했고, 조산사로서 가정 분만뿐 아니라 병원 분만에도 많이 참여했다.

지금 나는 부모와 유아 사이의 유대감 형성을 돕고 있다. 또한 세계적인 캥거루 마더 케어 전문가 중 한 분인 닐스 버그만^{Nils Bergman} 박사와 함께 일하는 것을 무한한 영광으로 여기고 있다.

캥거루 마더 케어와 관련된 내 업무는 2000년에 시작되었다. 그때 나는 미숙아를 돌보는 산부인과 병원에 있었는데, 몸무게가 1.2kg에서 2.2kg밖에 안 나가는 아기를 돌보는 것이 내 일이었다.

우리 병원은 2003년까지 계속해서 많은 연구를 하며 조사를 벌였다.

연구의 핵심은 아기의 건강 상태가 캥거루 마더 케어를 할 때와 인큐베이터에 있을 때 중에서 언제 더 안정되는지를 밝히는 것이었다.

우리는 갓 태어난 아기들을 임의로 두 그룹으로 나눴다. 그리고는 태어나서 처음 여섯 시간 동안 한 그룹은 인큐베이터 양육을, 한 그룹은 캥거루 마더 케어를 받게 했다.

연구 결과는 2005년에 발표되었는데 그 결과가 참 놀라웠다. 두 그룹이 상당히 큰 차이를 보였던 것이다. 캥거루 마더 케어를 받은 아기들이 인큐베이터 안의 아기들보다 훨씬 더 안정되어 있었다. 그 아기들은 케어를 받는 내내 엄마와 애착 관계를 형성할 수 있었기 때문이다. 우리는 아기가 엄마의 맨가슴 위에 놓인 상태에서 아기의 체온, 심장 박동 수, 호흡수를 센서로 관찰했다.

우리는 그 아기들을 보며 캥거루 마더 케어의 모든 놀라운 효과를 눈으로 직접 확인할 수 있었다. 엄마의 체온이 아기의 체온을 조절하면서 아기의 체온, 심장 박동 수 및 호흡수가 안정되기 시작한 것이다. 즉, 아기가 추울 땐 엄마의 체온이 올라가서 아기를 따뜻하게 하고, 아기가 더우면 엄마의 체온이 내려가 아기를 시원하게 하는 식이었다. 그렇게 엄마와 아기의 체온이 균형을 이루었다. 케어를 받는 동안 아기는 가끔 움직이지 않고 조용히 멍한 상태에 빠져드는 듯했다. 하지만 그 생후 6시간 동안 자주 엄마에게 달라붙어 젖을 빨았다. 아주 조그만 아기였는데도 말이다. 여전히 튜브를 통해 영양을 보충하는 것이 필요했지만, 젖을 빠는 반사작용이 나타났다는 결과는 성공적인 캥거루 마더 케어의 효과다.

정상아든 미숙아든, 수많은 아기가 태어나자마자 엄마와의 이별을 겪는다. 나는 아기가 태어나자마자 엄마로부터 떼어 놓는 것에 반대하는 입장이다.

가끔은 아기가 병균에 감염되어 항생제나 정맥용 점적 주사 같은 도움을 받아야 할 때가 있다. 그럴 때는 아기가 엄마와 꼭 붙어 있는 것이 힘들 것이다. 그래도 나는 될 수 있으면 빨리 캥거루 마더 케어를 시작하길 권한다. 태어난 아기를 제일 먼저 안는 것은 엄마여야 한다고 믿기 때문이다. 따라서 가장 좋은 분만 자세는 쭈그리고 앉거나 무릎을 꿇고 앉는 자세라고 할 수 있다. 이 자세를 취하면 엄마가 손을 뻗어 아기를 꺼내 가슴 쪽으로 올리기 쉽기 때문이다.

만져 주고 안아 주는 접촉의 힘

서구의 육아 관련 기록을 연구하다 보면 한 가지 사실에 주목할 수 있다. 바로 갓난아기와의 '접촉'이 부족하다는 것이다. 아기는 태어나자마자 배내옷으로 둘둘 말릴 뿐, 부모와 접촉하는 기회조차 존재하지 않는다.

역사 심리학자 로이드 디모에Lloyd Demauhe는 이와 관련된 경이로운 연구를 했다. 연구에 따르면 서구 문명에서보다 원주민 문화에서 아기를 더 많이 만져 주고 안아 준다는 것이다. 말하자면 접촉은 진화에 따른 적응이며, 아기가 쉽게 안정되도록 하는 안전 메카니즘safety mechanism인 것이다. 또한 디모에는 『접촉Touching』이라는 책을 써서 많은 서양인에게 접촉에 대한 문제를 인식하게 했다.

의학계에서 '유대감bonding'이라는 용어를 처음으로 사용한 사람은 『놀라운 신생아The Amazing Newborn』의 저자인 마샬 클라우스Marshall Klaus였다. 유대감은 아기가 태어나자마자 엄마와 함께 있음으로써 생기는 결과라는 게 그의 주장이었다.

마샬은 정말로 대단한 연구자였다. 그는 조산 도우미와 그 역할의 중요성에 대한 연구도 했는데, 조산 도우미가 진통 중인 산모를 만져 주면, 산모의 스트레스가 줄어든다는 것이었다. 결과적으로 산모가 낳은 아기의 건강에도 도움이 된다고 한다.

한편, 닐스 버그만 박사는 남아프리카의 공중 보건 시스템에 캥거루 마더 케어를 도입하는 데 선구적 역할을 한 사람이다. 덕분에 이제는 대부분의 큰 병원에서 이 케어를 실시하고 있다. 미숙아가 인큐베이터에서 안정을 취하는 동안 엄마는 언제든지 신생아실에 들러 아기를 볼 수가 있다. 게다가 본인이 원하는 만큼 자주, 오랫동안 캥거루 마더 케어를 할 수도 있다. 미숙아뿐만 아니라 정상아의 경우에도 엄마가 원하는 대로 이 케어를 해 줄 수 있다.

여성의 분만을 돕기 위한 지금의 의학 체제는 출생 후 캥거루 마더 케어를 하거나 아기가 스스로 젖을 찾게 하는 데 썩 도움이 되지는 않는다. 캥거루 마더 케어는 어떤 간섭이나 말참견도 없는 상태에서 자유롭게 이루어져야 한다. 엄마가 아기를 가슴 위에 올려놓았다면 그때부터는 가만히 지켜보아야 한다. 의료진과 조산사는 아기를 가만 놔두는 법을 배워야 할 필요가 있다. 그저 아기가 편안해져서 엄마의 냄새, 피부, 맛 같은 감각적 자극에 반응할 때까지 뒷짐을 지고 기다리기만 하면 된다. 아기는 결국 본능에 따라 젖을 찾아 입에 물 것이다. 그 어떠한 참견도 방해만 될 뿐이다. 주변 사람들이 아기에게 손을 댄다거나 엄마에게 말을 건다거나 하면 이 본능이 제대로 발휘될 수 없다. 하지만 안타깝게도 병원에서 '의료진이 전혀 개입하지 않는다'는 규정을 만들기란 거의 불가능한 일일 것이다.

의료적인 권위는 부모의 것

앞서 말했듯이, 닐 버그만 박사는 남아프리카공화국에서 캥거루 마더 케어의 선구자 역할을 했다. 그런데 그 이전에 이 케어의 연구를 위해 보고타까지 다녀온 미국 의사 진 그랜스턴 앤더슨 같은 연구자도 있었다. 그녀는 캥거루 마더 케어를 널리 알리기 위해 여러 회의와 공동 연구를 열었다. 많은 이의 노고 덕에 2005년, 우리는 마침내 남아공에서 캥거루 마더 케어 국제 회의를 열었고 브라질, 베네수엘라, 콜롬비아 등에서 많은 파견단이 참석했다.

그러나 아직도 캥거루 마더 케어에 대한 대중의 인식이 많이 부족하나. 의료진의 이런 인식 부족은 문제기 될 수 있다. 그들은 엄마 가슴 위에 누워 있는 아기를 돌보는 방법을 모른다. 모니터와 점적 주사 같은 것들이 몸에 달려 있는 아기라도 엄마의 가슴 위에 안길 수 있는데 말이다. 그런 조치에 익숙한 의료진이 필요한데 학교에서는 의과 학생들이나 조산사 지망 학생들에게 그런 것을 가르치지 않는 것이다. 학교에서는 오히려 인큐베이터 안에 있는 아기를 어떻게 돌볼 것인가를 가르친다. 왜일까? 어이없게도, 그렇게 하는 쪽이 더 쉽다고 생각해서다.

캥거루 마더 케어를 하는 동안 의료진은 아기를 안고 있는 엄마에게 현재 아기의 상황에 대해서 간단히 보고를 해 주면 된다. 그러면 엄마는 이를 이해하고, 뭔가 잘못되었다고 느낄 때 간호사를 부를 수 있을 것이다. 엄마가 아기에게 주의를 기울이고 아기의 행동에 반응하는 것이 이 케어를 하는 과정의 가장 중요한 부분이라 할 수 있다. 이를 위해서는 의료진의 더 많은 노력이 필요한데, 의료적인 권위를 부모에게 내 주는 것도 이에 포함된다고 하겠다.

맨살 접촉은 옥시토신 분비를 자극시킨다

엄마와 아기를 떼어 놓는다는 것은, 특히 아기가 미숙아라면, 그들이 함께했어야만 할 소중한 시간을 몇 주 또는 몇 달 동안이나 빼앗는 것이다. 엄마가 아기와 가까워질 수 있는 아주 소중한 그 시간을 말이다. 잃어버린 시간 때문에 밀려오는 상실감을 회복하려면 엄마는 또 다시 엄청난 노력을 기울여야만 한다. 이제 막 태어난 아기와 집에 돌아왔는데 무슨 끈끈한 유대가 있을까?

더군다나 엄마는 무엇을 어떻게 해야 할지 모르는 데서 오는 무력감도 다스려야 한다. 특히 아기가 미숙아일 때는 예민하고 항상 주의하며 다뤄야 하는데 그건 이제 막 아기를 낳은 엄마가 감당하기는 너무 힘든 것이다.

캥거루 마더 케어를 통한 맨살 접촉은 아기의 옥시토신과 성장 호르몬 분비뿐만 아니라 엄마의 옥시토신 분비도 자극한다. 옥시토신은 애정호르몬이라고 불리는 만큼, 엄마와 아기가 유대감을 키우는 데 도움이 된다. 우울함도 점차 사라진다.

나는 캐나다 출신의 앤 비글로Anne Bigelow 박사, 닐스 버그만 박사와 함께 연구한 적이 있다. 우리는 첫 연구 대상 아기들 중 12명에게 추적 연구를 했는데, 첫 연구 이후 18개월에서 2년 사이에 이루어지도록 했다. 집을 직접 방문해서 유아가 된 아기들의 발달 상태를 점검한 것이다. 더불어 아이와 부모 관계도 관찰했다. 그 결과 아기의 생애 첫 6시간 동안의 캥거루 마더 케어가 아기의 발달과 엄마와의 상호작용에 긍정적인 영향을 끼쳤음이 밝혀졌다. 단 6시간만 케어를 받은 것에 비해 괄목할 만한 성과였다. 이 아기들은 정확히 6시간 이 케어를 받고 그 후에는 인큐베이터에서 통상적인 간호를 받았는데도 말이다. 그 6시간 동안의 피부 접촉이 18개월에서 2년이 지난 후까지도 효과를 발휘하다니 놀라웠다.

캥거루 마더 케어는 두뇌를 포함한 온몸에 영향을 미친다. 두뇌의 신경 시냅스를 자극하는 호르몬과 신경전달화학물질을 안정화시키기 때문이다. 아이가 배우는 모든 것은 사회적 기반을 통해 여과되는데, 버그만 박사는 이 기반을 적소niche 또는 서식지habitat라고 불렀다. 엄마의 가슴은 아기를 위한 완벽한 서식지라는 것이다. 따라시 이기는 최적의 서식지에 있을 때 두뇌 발달을 위해 학습해야 할 모든 것을 배우게 된다.

캥거루 마더 케어는 호르몬 분비와 스트레스를 안정화시킨다. 스트레스는 미숙아와 같이 충격이 큰 출생 경험을 가진 아기에게 커다란 영향을 미친다. 스트레스는 뇌를 상하게 할 뿐만 아니라 뇌 발달을 지연시킨다. 캥거루 마더 케어는 그런 스트레스와 충격을 완화하여 더욱 긍정적인 신경화학물질과 호르몬이 분비되도록 돕는다.

무엇보다 캥거루 마더 케어를 주장해야 하는 가장 큰 이유는 엄마는 아기와 떨어져서는 안 된다는 비교적 간단한 메시지에 있다. 그래서 요즘의 병원은 엄마와 아기에게 한층 친근한 의료 과정을 도입하려고 노력하고 있다. 또 나와 동료들은 정부가 주도하는 공중 보건 체계도 엄마와 아기 중심으로 나아가도록 힘쓰고 있다. 제왕절개로 태어난 아기까지도 엄마와 함께 침대에 눕힌다는 것은 얼마나 멋진 일인가! 그렇게 하는 것은 병원을 위해서도, 엄마와 아기를 위해서도 좋은 일이다. 물론 개인병원이라면 어떤 엄마들은 아기를 신생아실에 혼자 놔두고 싶어 하기도 하며 또 병원에서 이를 권장하기도 한다. 하지만 그것은 전반적으로 엄마와 아기 사이 유대감 형성과 모유 수유에 방해가 된다는 것을 염두에 두어야 할 것이다.

아빠가 해 주는 캥거루 마더 케어

이야기의 주인공인 마리안 리틀존은 자연 분만을 전문적으로 돕는 조산사다. 고객 중 절반은 집에서 아기를 낳고 나머지 절반은 병원에서 아기를 낳는다. 하지만 그녀의 신념은 병원이라고 해서 반드시 고도의 의료 기술로 아기를 낳는 건 아니라는 것이다. 그녀가 중요하게 생각하는 점은 분만 과정 하나하나 그 자체에 정성을 쏟는 것이다. 예를 들면 병원의 분만실에서 아기를 낳을 때 문을 꼭 닫고, 조명을 어둡게 하며, 불필요한 출입을 금한다. 산모가 방해받거나 간섭받지 않고 아기를 낳는 데 집중하도록 최대한 돕는다. 이런 식으로 산모는 병원에서도, 가정 분만 못지않은 경이롭고 만족스러운 출산 경험을 가질 수 있다고 한다.

또한 그녀는 '맨살 접촉'을 권장하며 응급 상황이 아닌 이상 절대 아기를 엄마로부터 떼어 놓지 않는다. 산모는 산후조리실에서 퇴원해 집으로 갈 때까지 쭉 아기와 함께하게 되는 것이다.

아기 아빠는 출산 후 1시간에서 1시간 반 이내에 처음으로 아기를 안아 줄 기회를 갖게 된다. 그리고 그때의 맨살 접촉은 앞으로의 인생에서 아빠와 아이 사이의 관계에 실제로 큰 영향을 끼친다. 마리안은 산모를 씻기고 옷을 갈아입히는 동안 아빠가 아기를 맨가슴에 안도록 지시한다. 그 짧은 시간일지라도 아기를 인큐베이터에 넣는 것보다는 아빠에게 안기는 것이 이상적이기 때문이다. 마리안은 이런 일련의 과정을 부모에게 미리 가르쳐 준다. 엄마가 상처 부위를 꿰매는 동안 아기는 아빠의 가슴에 눕고, 아빠는 배운 대로 아기를 따뜻하게 감싸 안아 주는 것이다.

처음으로 아기를 품에 안은 아빠의 모습은 감동 그 자체다. 아기를 안고 흥분한 채 감격에 젖어 있는 아빠들. 재미있게도 아기는 종종 아빠의 젖꼭지를 찾아 물려고도 한다.

이렇듯 아빠도 아기와 서로 맨살을 맞댄 채 꼭 안아야 한다. 아빠라고 못할 것 없다. 아기를 만져 주고 눈을 맞춰 주는 것 모두 능숙하게 해낼 수 있다. 아기의 아빠이니 당연한 것이다.

마리안의 연구 초기에 다뤄졌던 한 사례가 있다. 엄마는 16세의 십대 소녀였고 아기의 아빠도 18세밖에 되질 않았다. 소녀는 아기를 안아 주어야 한다는 사실에 엄청난 스트레스를 받았고 힘들어했다. 아기가 누워서 자리를 잡더라도 엄마가 스트레스를 받은 나머지 가만히 있질 못했다. 그녀가 화장실에 가겠다기에 연구진은 아빠를 대신 의자에 앉히고 캥거루 마더 케어를 계속하게 했다. 그런데 아기가 아빠의 가슴에 폭 안기자, 신기하게도 엄마 품에 있을 때보다 더 유대감이 생겨 안정되는 것이었다. 체온도 한층 더 균형을 이루며 조절이 되었고 심장 박동 수도 더 안정되었다. 아빠 또한 심적으로 많이 차분해졌다. 정말 경이로운 유대감 형성의 순간이었다.

아기 아빠는 엄마보다 정신적으로 좀 더 성숙했고 진심으로 아이를 원했다고 한다. 그에 비해 아기 엄마는 아직 어린 소녀인데다 아기를 낳는 큰일을 치르느라 정신이 없었던 것이다. 이 경우는 아기를 안정시키는 데 아빠가 제격인 대표적인 사례다.

또 마리안과 동료들이 추적 연구를 계속했던 아기들 중 한 명의 흥미로운 사례가 있다. 그 아기는 부모가 둘 다 직장에 나가야 해서 태어난

지 3, 4개월 만에 할머니에게 맡겨졌다. 그런데 그 부모는 매일 일이 끝나고 집에 들어오자마자 바로 아기의 옷을 벗기고 캥거루 마더 케어를 해 주었다고 한다. 3, 4개월이니 그렇게 어린 아기는 아니었다. 엄마가 30분 동안 아기를 안아 주고, 그다음은 아빠가 30분 안아 주는 식으로 저녁 내내 교대하며 안아 주었다. 이렇게 캥거루 마더 케어는 점차 부부의 저녁 일과가 되어 갔다.

부부가 이 케어를 한 지 18개월이 지났을 즈음 추적 연구를 위해 찾아갔던 마리안은 깜짝 놀랐다. 부모가 집에 오자마자 아이가 소리를 빽 지르면서 달려가더니, 아빠의 가슴을 두드리며 셔츠를 벗기더라는 것이다. 아빠가 셔츠를 벗자, 아이가 폴짝 그 가슴에 뛰어 올라가 눕더란다. 마리안과 그 동료들은 아장아장 걸어 다닐 만큼 큰 아이도 이 케어를 통해 부모와 교감하는 장면을 보며 감동에 젖었다고 한다.

임신 이전부터 시작하는 육아법

현재 마리안과 닐스 버그만 박사는 두뇌 발달에 대한 연구를 진행 중이다. 그들은 약 3년 동안 함께 일했고, 『사랑의 생물학The Biology of Love』의 저자인 아더 제나Arthur Jenna의 연구에 대해 긴 토론의 시간을 가졌다.

앨런 쇼어Alan Shore 박사는 엄마와 아기 사이의 애착 형성 과정 대한 『애착의 조절과 영혼의 치유Affect Regulation and the Repair of the Soul』라는 책을 썼다. 부모와 아기 사이의 정서적 결합과 애착에 대해 이야기하는 이 책은 매우 과학적이지만, 전하고자 하는 메시지는 비교적 간단하다. 아기의 모든 학습 과정이 부모와 아기 사이의 감정적인 상호작용을 통해 일어난다는 것이다.

쇼어 박사는 부모와 아기 간의 감정적 상호작용을 두뇌 활동의 관점에서 보고 있다. 아기가 부모와 상호작용 할 때 아기의 대뇌 피질에서는 어떤 일이 일어날까? 중뇌와 감정의 중추인 소뇌에서는 어떤 일이 일어날까? 부모와 아기의 상호작용은 두뇌 발달에 어떠한 영향을 미칠까? 이런 문제의 답을 구하는 것이다. 그의 연구에 의하면 출산을 앞둔 임신부를 돌보는 일은 아주 중요하다. 엄마가 어떻게 돌봐 지는지에 따라 태아의 발달이 영향을 받는다는 것이다. 만약 엄마가 임신 중에 정신적인 충격을 받게 되면 태아도 그 영향을 받는다고 한다.

더욱이 임신 중인 엄마의 스트레스 호르몬, 신경전달화학물질의 분비 저하 또는 분비 촉진은 아기의 발달에 일생 동안 영향을 미친다. 그런 의미에서 임신 중인 예비 엄마를 돌보는 것은 곧 태아를 돌보는 것이나 마찬가지인 셈이다.

비슷한 맥락에서, 캥거루 마더 케어는 임신이 되는 순간 혹은 그 이전부터 시작되는 것과 다름없다고 하겠다. 또한 출산 후의 캥거루 마더 케어는 엄마와 아기의 상처를 치유하고, 유대감을 높이는 데 높은 효과가 있다. 태어난 아기의 두뇌 발달을 증진시키는 데도 도움이 된다. 버그만 박사는 이렇게 과학적인 연구 내용을 부모들이 알기 쉽게 풀어 말하면서, 모든 부모가 이런 정보를 얻는 것이 중요하다고 주장한다.

글로버Glover 박사는 런던에서 임산부 관련 연구를 수행했다. 그는 산모가 임신 중에 받은 충격이 아기의 발달과 어떤 관계가 있는지 발견해 냈다. 엄마가 임신 9주에서 14주 사이에 어떤 충격을 받게 되면, 나중에 아이가 ADHD(주의력 결핍 과잉 행동 장애)증상을 보이기 쉽다는 것이다.

임신 중 있었던 일은 대부분 장기적으로 영향을 미친다. 하지만 대부분의 사람은 그 심각성에 대해 잘 모른다고 한다. 엄마가 임신 도중 알코올에 의존하면 아기의 IQ 발달이 저해되고, 임신 중의 흡연도 비슷한 결과를 초래한다. 이런 것이 아기에게 얼마나 나쁜 영향을 끼치는지에 대해 별반 생각이 없는 사람이 많은 것 같다.

음주와 흡연이 태아에게 좋지 않다는 것은 의심의 여지가 없다. 태반은 엄마와 아기를 가르는 장벽이 아니다. 태반은 물질을 걸러내는 여과기 정도로 생각하면 된다. 엄마가 흡수하는 대부분의 물질이 태반을 통해 아기의 몸속으로 흘러 들어가는 것이다. 만약 산모가 임신 중에 친척이 상을 당하거나 해서 정신적으로 충격을 받으면, 이 역시 자궁에 있는 아기에게 영향을 준다. 어쩌면 나중에 아기에게 행동 과다 장애 같은 문제가 나타나게 될 수도 있다.

결론적으로 캥거루 마더 케어는 엄마가 자궁 속에서 아기를 지니는 순간부터 시작된다고 볼 수 있다. 출산 후에도 아기를 품에 안고 또 안아 주이야 하는 필요성이 여기에 있는 것이다.

인간의 아기는 다른 포유류 동물에 비해 태중에 있어야 할 충분한 기간에서 적어도 9개월에서 2년 정도 빨리 나온다고 볼 수 있다. 그렇게 빨리 나오는 것은 인간의 두뇌 크기 때문이다. 만약 여느 동물처럼 아기가 걸을 수 있을 때쯤에 태어난다면 두개골의 크기가 너무 커서 분만이 불가능할 것이다.

반면 다른 포유류의 새끼는 말이든 사슴이든 코뿔소든 기린이든 간에 태어나고 한 시간 이내에 걸을 수 있다. 새끼는 엄마의 몸이 있는 곳까지 스스로 걸어가 젖을 찾아서 영양을 받는다. 그러나 알다시피 사람의 갓난아기는 바로 걸을 수 없다. 아기는 한동안 영양 공급도 온도 조절도 보호도 모두 부모에게 의존해야 한다. 캥거루 마더 케어가 중요한 이유가 여기에 있다.

어떤 부모는 이렇게 걱정한다.

"아기를 내려놓기만 하면 금세 울어버려요! 어쩌죠?"

그러면 마리안은 이렇게 말해 준다.

"우는 게 당연하죠!"

그건 생물학적으로 당연한 일이다. 걷지 못하는 아기에게 '내려놓은 상태'라는 것은, 어떤 맹수가 달려들어 물어갈지 모르는 위험한 상황에 노출되는 것과 비슷하기 때문이다. 아기는 알고 있는 것이다. 자기가 있어야 할 가장 안전한 곳은 엄마의 팔 안, 엄마의 가슴 위라는 것을.

아기는 대부분 생후 1년쯤 되어야 걷기 시작하는데, 이때도 여전히 뒤뚱뒤뚱 거린다. 그리고 2살이 될 때까지는 아장아장 걸어 다닌다. 하지만 아장아장 걷는 동안에도 아기는 여전히 엄마 품에 안기기를 원한다. 아기가 안기는 것은 걷는 법을 배우는 것과는 별개의 문제다. '신체적 접촉'은 인간의 기본 욕구이고, 이것이 충족되지 못하면 정신적 상처가 생긴다. 엄마 품에 안기지 못한 아이는 그런 정신적 충격을 안고 살아가게 되는 것이다. 그 충격은 아이의 몸 전체에 영향을 미치게 된다. 이는 아이가 커갈 때 일상의 스트레스를 이겨내기 위한 적응 메카니즘의 구축을 방해한다. 결론적으로 부모가 아기를 곁에서 안아 주지 않는 것은 아이 입장에서 엄청난 손실인 것이다.

따라서 아기가 혼자 자는 훈련을 하도록 부모를 대상으로 강좌를 열어 돈을 버는 사람들이 있다는 건 매우 경악스러운 일이다. 훈련의 일부는 아기가 침대에서 울든 말든 그냥 내버려 두는 것이라고 한다.

아이의 양육법이 어떻게 진화해왔는지를 알려면 역사 심리학자 로이드 디모에의 연구를 볼 필요가 있다. 역사 초기의 양육법은 상당히 잔혹한 면이 많았다는 게 디모에의 주장이다. 아이들에게 좀 더 따뜻하게 대하는 방식으로 양육 방법을 점차 발전시켜야 한다. 마리안은 그렇게 함으로써 보다 인정 넘치는 세상을 만들 수 있다고 강조한다.

Chapter 7

미국 메릴랜드 주의 조산사 로리

♥ ♥

로리 레이는 메릴랜드 주의 볼티모어에서 남편 월터 채플과 함께 어려운 고비를 넘긴
다섯 명의 자녀를 키우고 있다. 현재 그녀는 자연 분만을 가르치는 교사이면서
조산사, 가정분만 산파 보조원, 모유 수유 관련 운동가로서 활동을 계속하고 있다.

내 아기를 위한 최고의 선택

8년 전, 나는 한 병원에서 쌍둥이를 낳았다. 그 이후로 나는 가능한 자연스러운 방법으로 아기를 낳는 게 좋다고 생각하게 되었다. 그래서 그 다음 출산 때는 집에서 아기를 낳았다. 그로부디 몇 년이 지난 지금 나는 분만 관련 수업의 교사가 되었고, 뷰만과 모유 수유에 관한 정책 운동가이자, 분만 보조원이기도 하다. 이 모든 직접적인 경험을 통해 나는 부모에게 있어 최선의 선택은 '자연 분만'과 '캥거루 마더 케어'라는 것을 깨달았다.

세 번째 임신 28주째, 때 이른 진통이 시작되었고 나는 또 쌍둥이를 임신하였음을 알게 되었다. 조산사와 상의 후, 나는 아기들이 저체중으로 태어나는 것을 막기 위해 단백질을 많이 섭취했다. 아기들이 건강하게 열 달을 다 채워서 나오기를 바랐다. 조금 지나자 결국 일곱 쌍둥이라도 임신한 것처럼 배가 남산만해져 버렸다. 나는 그 무게를 지탱하려고 침대에 자주 누워 있어야만 했다.

임신 31주쯤 되던 날 밤, 여느 때처럼 허리 통증으로 잠에서 깼는데, 이제 진통이 더 이상 멈추지 않을 것임을 직감했다. 그렇게 나는 서둘러 병원으로 향했다.

조산사와 함께 볼티모어의 한 병원 응급실로 들어갈 때는 내 자궁경부가 8cm까지 열린 상태였다. 예상대로 병원에 도착하자마자, 나는 가정 분만을 우습게 알고 우쭐해 하는 의사와 간호사를 맞닥뜨리게 되었다. 다행히 남편과 나는 첫 쌍둥이를 분만할 때 배워둔 것이 있었다.

"우리는 이렇게 하겠어요."

"그렇게 하는 것은 원하지 않아요!"

이렇게 의사표시를 하는 요령이었다. 덕분에 분만은 우리가 원하는 대로 비교적 원만하게 진행할 수 있었다.

의사가 양수를 터뜨리자 내 딸 켈리는 침대 위로 그야말로 철퍽 엎어져서 울기 시작했고, 의사는 서둘러 아기를 신생아 집중치료실로 보냈다. 남편이 켈리를 따라 신생아 집중치료실에 간 동안, 다른 쌍둥이 아기 리안나를 낳기 위해 있는 힘을 다 짜냈다.

마침내 두 번째 아기가 나왔다. 하지만 리안나가 너무 푸르스름한데다 맥없이 축 쳐져 있었다. 나머지 의료진은 계속해서 심폐소생술을 하는 수밖에 없었다. 그런데 분주히 분만실을 드나들던 의사와 간호사들이 자기들끼리 소리 낮춰 이런 말을 주고받는 것이었다.

"구순열(입술 갈림증), 구개 파열, 사경(익상경)^{web neck}, 양수 과다증"이
라고.

그 단어들이 귀에 들리는 순간, 가슴이 찢어지는 것만 같았다. 결국
염색체 이상으로 희귀한 합병증을 가지고 태어난 리안나는 가엽게도 태
어난 지 세 시간만에 우리 품에 안긴 채 세상을 떠났다. 리안나보다 먼
저 1.2kg의 몸무게로 태어난 켈리는 출생 당시에는 스스로 호흡을 할
수 있었다. 하지만 결국 병원에 있는 대부분의 시간 동안 산소 공급을
해 줘야 하는 상태였다. 산소 공급은 효과가 있는 듯했다.

다행히 나는 아기를 신생아 집중치료실로 보내는 보통의 부모들보다
는 아는 것이 훨씬 많았다. 가지고 있던 조산에 관련된 책을 몽땅 읽었
기 때문이었다. 하지만 불행히도 신생아 집중치료실에서는 병원 관례에
어긋나는 것에 벌벌 떠는 것 같았다.

신생아과 의사들은 그런대로 아기를 보살피는 것을 허락하는 듯 보였
다. 하지만 간호사들은 달랐다. 아기를 처음 목욕시키고, 옷을 입히고,
젖을 물리는 것은 모두 간호사의 몫이었던 것이다. 이런 일을 통한 아기
와의 소중한 첫 경험, 여기서 얻어지는 아기와 나의 유대감을 간호사들
이 앗아간 듯한 기분이 들었다.

의료진은 처음부터 나의 자연 친화적인 육아법을 반대했다. 나는 분
만한 지 4일째 되는 날 퇴원을 하면서 아기를 데려올 수도 없었다.

그날 남편은 내게 《마더링^{Mothering}》 잡자의 최신 호를 건넸다. 거기에
는 '우리는 어려움이 커질수록 더 용기를 내야 한다'는 달라이 라마의 말
이 인용되어 있었다. 우리의 상황에 이보다 더 맞는 말이 있었을까. 그리

고 내가 좋아하는 성경 구절 몇 개를 켈리의 인큐베이터에 붙여놓았는데 그것은 밤샘 간호를 하는 우리의 정신적 지주가 되어 주었다.

태어난 지 5일째 되던 날, 켈리는 몇 분 동안 물었다 놓았다 하며 내 젖꼭지를 빨아 댔다. 간호사는 이를 아주 못마땅하게 여겼다. 내게 아기를 가슴 위에 놓거나 젖을 물리지 말라는 훈계를 하고, 심지어는 다음 교대하는 간호사에게 이렇게 경고까지 하는 것이었다.

"여기 있는 모든 아기에게 우유병으로 먹여야 해요!"

나는 비교적 빨리 주변 사람들 즉, 친구, 가족, 홈 스쿨 동료들, 지역사회의 육아운동 지지자의 도움으로 일상생활에 복귀할 수 있었다. 그분들이 집에 있는 다른 아이 셋을 돌봐 주신 덕분에, 나는 켈리와 하루

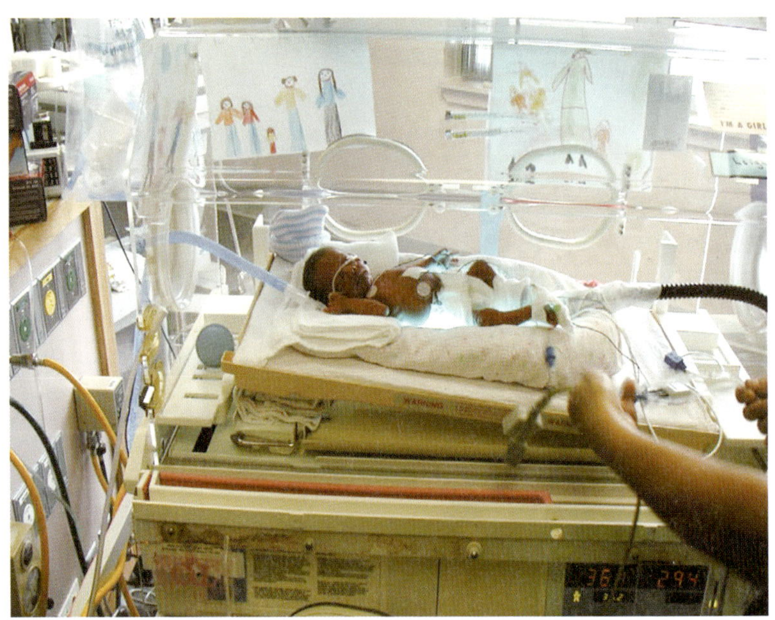

♥ 신생아 집중치료실의 인큐베이터에서 지내는 켈리

12시간에서 16시간 정도 함께 지낼 수 있게 됐다. 그동안 나는 인큐베이터에 안의 켈리를 제대로 기르는 최선의 양육법이 무얼까 궁리하기 시작했다.

우리 부부는 신생아 집중치료실에 있는 두 달 동안 세 번 이상의 의료 팀 전체 회의에 참석했다. 또한 우리 팀의 수간호사와 함께 다른 간호사의 못마땅해하는 태도에 대해 여러 차례 면담을 했다. 그러면서 간호 보완 수단의 도입을 끊임없이 주장했다. 하지만 보수적인 의료진들은 우리 말을 진지하게 듣거나 이를 시도하려는 시늉은커녕 콧방귀만 뀌는 것이었다.

결국 우리가 원하는 요법을 쓸 수 있도록 이에 대한 수많은 자료를 의료진에게 보여 주는 수밖에 없었다. 그렇게 완강히 주장한 결과, 우리는 켈리에게 캥거루 마더 케어를 포함하여 우리가 원하는 모든 요법을 할 수 있게 됐다.

하지만 신생아 집중치료실에서 켈리를 향한 내 모성 본능은 무시당하기 일쑤였다. 내 아기를 위한 일인데 의료진의 허락을 받아야만 하다니. 그래서 내가 '이렇게 저렇게 하겠어요'라고 할 때, 의료진이 정당하게 반박하지 못하면 내가 원하는 대로 밀고 나가기로 했다. 결국 간호사들은 매일 묻기 시작했다.

"오늘은 어떻게 하시겠어요?"

내 아기를 돌보는 궁극적인 책임자가 나라는 사실을 인정하는 것 같아서 기분이 정말 좋았다.

아기가 태어난 후 열흘 정도가 되자 나는 하루에 네 시간까지 캥거루 마더 케어를 했다. 아기에게는 매일 15분 정도 내 새끼손가락을 빨게 했다. 그렇게 신생아 집중치료실에서 지낸 지 한 달쯤 지났을까? 캥거루 마더 케어를 하는 중이었는데 수유 상담원이 켈리를 가슴 위에 놓도록 도와주었다. 그 순간 아기가 갑자기 몇 차례 세게 젖을 빨더니 꿀꺽 삼켰다. 그때 얼마나 기쁘고 자랑스러웠는지! 그 후 나는 아기가 깨어 관심을 보일 때마다 모유를 먹였다. 물론 탐탁치 않아 하는 의료진의 시선을 피하면서 말이다.

신생아 집중치료실에서의 밤은 간호사가 다정하고 말을 잘 받아 주는 사람이 아닐 때 더욱 보내기가 힘들었다. 나는 종종 외로움에 젖어 켈리의 침대 머리맡에서 눈물을 흘리곤 했다. 같이 있어 줄 수 있는 사람이 절실하게 필요한 산모였던 내게 신생아 집중치료실의 엄격한 규칙은 때론 너무 버거웠다.

나는 켈리도 자기 동생을 잃었다는 것을 알고 괴로워하고 있음을 느꼈다. 그래서 나는 아기가 최대한 정서적으로 상처를 받지 않게 하려고 주변 사람의 도움을 받아가며 노력했다. 내 정신 건강을 위해서는 여러 요법과 함께 이메일과 문자 메시지를 통한 친구들과의 수다로 위안을 얻었다.

병원에서의 마지막 2주 동안, 나는 이제 켈리를 집으로 데려갈 준비를 해야겠다고 생각했다. 켈리는 아직 모유만 먹는 상태가 아니었기에, 모유만 먹도록 하는 게 큰 목표였다. 신생아 집중치료실 의료진은 나의 퇴원 요구를 못마땅하게 여겼고, 나는 그로 인해 받은 스트레스 때문에 건강이 악화되는 것 같았다. 다른 병원으로 옮겨야 하나 하는 생각이 들 정도였다. 내가 그토록 불만스러워하자 당황한 의료진은 결국 나를 신생아 집중치료실이 아닌 일반 소아과 병동에서 새로운 의료진과 지내도록 해 주었다.

나는 소아과 병동의 독실로 들어갔다. 그 방에서 쉴 수 있는 침대, 화장실, 수유를 위한 개인 공간, 세끼의 무료 식사를 제공 받았다. 소아과 의료진과 나는 켈리가 무호흡증을 검사하는 모니터에 의존한 채 집으로 갈 수 있겠다고 판단했다.

그로부터 나흘 후, 나는 아기의 위에 삽입된 튜브를 통해 영양을 공급하는 법, 무호흡증 모니터 조작, 인공호흡, 아기의 약 관리 등을 혼자 할 수 있음을 확인받고 퇴원하였다.

다행히도 집에 오자 켈리는 젖을 잘 먹었다. 나는 캥거루 마더 케어를 계속했고, 일주일 후에는 튜브를 통한 영양 공급을 중단했다. 켈리의 식욕은 놀라운 속도로 증가했고 수유 시간도 눈에 띄게 늘어났다. 8개월이 되자 켈리는 약 5.9kg를 넘었고, 더 이상 무호흡 모니터가 필요하지 않았다. 곧 모유만 먹기 시작했고, 캥거루 마더 케어를 받으며 딱딱한 음식도 먹을 수 있게 되었다. 놀라운 것은 켈리가 출생 당시 심한 저체중이었음에도 성장이 더디지 않다는 점이었다. 이 모든 것이 켈리를 위해 쏟은 노력과 캥거루 마더 케어 덕분이었다. 켈리의 가운데 이름^{middle name}은 블레싱(Blessing, 축복)이다. 켈리는 그 이름처럼 우리 가족의 복덩이로 커가고 있다.

내가 신생아 집중치료실에 있는 동안, 《뉴욕 타임스 *The New York Times*》가 신생아 집중치료실 환경 개선의 필요성에 대해 보도한 적이 있다. 《뉴욕 타임스》는 미숙아의 지적 발달과 심리적 안정을 위해 신생아 집중치료실의 환경을 개선해야 한다고 주장했다. 이미 앞서가고 있는 신생아 집중치료실에서는 아기의 양육 환경을 새롭게 조성하고 있다. 평화로운 분위기에서 캥거루 마더 케어와 모유 수유를 해야 한다고 강조한다. 빡빡하게 짜인 간호 스케줄보다는 아기의 요구에 그때그때 민감하게 반응하는 것이 중요하다는 것이다.

마찬가지로 내가 켈리를 간호하는 데 그렇게 엄청난 노력을 쏟은 것은 아이가 몸과 마음은 물론, 심리적, 영적으로도 최대한 강하게 크길 바라서였다.

의사는 퇴원하기 전에 내게 신생아 집중치료실 만족도 설문조사에 응할 것을 부탁했다. 그 설문조사의 결과가 신생아실 개선을 위한 기금 확보에 도움이 된다는 거였다. 나는 신생아실에서 가장 필요한 것이 기금 확보라고 보지 않는다. 필요한 것은 신생아실 내 긍정적인 에너지 형성이다. 긍정적인 에너지는 엄마와 아기 사이의 유대감과 신뢰감에서 나온다. 아기가 엄마의 가슴에 안겨 젖을 먹거나(모유 자체만 중요한 게 아니라 젖을 먹이는 행위도 중요하다), 아기와 피부를 맞댄 채 안아 주는 것 등이 그런 유대감을 키워 준다. 이 모든 것은 캥거루 마더 케어를 통해 가능한 것이다.

앞으로 더 많은 신생아 집중치료실에서 엄마와 아기의 심리·정서적 유대에 초점을 맞추고 아기의 건강을 돌보면 좋겠다. 그러면 아기들은 분명 한층 더 빠르게 회복될 것이다.

엄마의 맨가슴 위에서 생기는 애착

나는 공립학교의 음악 교사였다. 그런데 아기를 여섯 명이나 낳는 과정이 내 삶을 무척이나 극적으로 바꾸었다. 그래서 음악이 아닌 출산 교육 선생님이 되었다.

이 매력적인 출산 교육 수업을 가르치게 된 지 벌써 10년째다. 지금 난 이 일을 정말 즐긴다. 내가 출산 수업을 시작한 지 얼마 되지 않았을 때부터 많은 부부가 아기를 낳을 때 내가 함께 있어 주기를 청했다. 분만 시 남편의 옆에서 도와달라고 말이다.

사람들이 아기를 집에서 낳으려는 이유 중 하나는 아기와 잠깐이라도 떨어져 있기가 싫기 때문이다. 출산 후 처음 몇 시간이 매우 중요하다고 믿는 것이다.

그래서 나는 가정 분만을 하는 산모에게 캥거루 마더 케어를 권유한다. 아기가 태어나자마자 엄마의 맨가슴 위에 눕히고, 엄마와 아기 모두에게 담요를 덮어 준다. 의료진이나 조산사가 아기의 체온, 심장 박동수, 호흡 등을 점검하는 동안 아기는 계속 엄마와 살을 맞대고 있어야 하는 것이다. 그렇게 두세 시간 엄마의 몸 위에 있는 동안 아기는 아무런 방해도 받지 않게 된다. 그러면서 처음으로 꼼지락대는 것과 젖 먹는 것을 혼자 터득한다. 이렇게 아기는 외부의 도움 없이도 엄마와의 애착을 스스로 만들어 나간다.

나는 산모에게 되도록 아기를 낳고 일주일 동안은 침대에서 나오지 말라고 한다. 화장실에 가거나 샤워를 할 때만 제외하고 말이다. 또 아기가 태어난 첫 주 동안은 아기를 계속 안아 주고 캥거루 마더 케어를 할 것을 권장한다.

나는 아기와 하루 종일 붙어 있는 그런 스타일의 엄마다. 아기를 자주 안아 주고 모유만 먹인다.

만약 아기가 신생아 집중치료실에 있다면 그런 엄마가 되기란 하늘의 별 따기일 것이다. 신생아 집중치료실에서는 보통 내가 '육아'라고 생각하는 일상적인 것을 하기 힘들다. 그런데 캥거루 마더 케어는 내게 올바른 육아를 할 수 있게 이끌어 주었다. 아기는 나와 맨살이 맞닿아 있을 때 더 안정되고 건강해 보였다.

아기들은 뱃속에 있을 때부터 무슨 일이 일어나는지 다 아는 것이 틀림없다. 살아남은 켈리가 동생 리안나의 죽음 때문에 느끼는 슬픔. 나는 그것을 선명하게 느낄 수 있었다. 켈리에겐 위로가 필요했다. 만약 켈리를 신생아 집중치료실에 홀로 두고 간호사들의 손에 맡겼다면, 아기의 감정적 고통은 더 심해졌을 것이다. 마침내 나는 하루에 16시간 동안 켈리를 안을 수 있게 되었고, 그렇게 캥거루 마더 케어를 실시하는 동안 영적인 체험 시간을 가지기도 했다.

캥거루 마더 케어는 반드시 필요하다. 누구도 엄마에게서 아기를 떼어 놓아서는 안 된다. 물론 우리는 포유동물이기 때문에 아기를 평생 안고 살 수는 없다. 그리고 아기와 떨어져 있어도 저 아이가 내 아이라는 것을 이해하는 지적 능력이 있다. 하지만 태어난 처음 몇 주 동안 엄마와 아기 간의 사랑은 지극히 호르몬에 의한 것이다. 이는 자연스러운 이치다. 따라서 엄마와 아기를 억지로 떼어 놓는 것은 바람직하지 않다. 미숙아를 집에 데리고 오면 신경이 많이 쓰이고, 스트레스도 많고, 필요한 것도 많다고 하는데 나는 그런 불편함은 전혀 없었다. 우리가 함께하는 동안 아기는 늘 행복해하고 만족해했다. 이 모든 게 가능했던 것은 캥거루 마더 케어 덕분이라고 믿는다.

지금 나는 켈리에게서 잠시도 떨어지지 않는다. 아이는 무척 건강하고, 내가 안아 주는 것과 내 품을 파고드는 것을 좋아한다. 특히 칭얼댈 때면 내 무릎을 감싸거나 가슴에 안기려 한다. 나는 아기와 떨어져 있었더라면 얼마나 힘들었을지를 생각하면서, 인큐베이터에서 아기를 키운다는 게 엄마에게 얼마나 큰 고통인지에 대한 수기를 썼다.

보통 엄마가 아기에게 당연히 해 주는 것이라 여겨지는 것이 있다. 아기가 인큐베이터 안에 있으면 그런 당연한 것을 전혀 할 수 없다. 더욱이 엄마가 초산이라면 그런 상황에서 육아에 대한 자신감을 얻기란 정말 어렵다. 몇 주 또는 몇 달 동안 아기를 안을 수도, 돌볼 수도 없기 때문에 당연하다. 엄마의 자신감을 위해서라도 아기의 건강이 허락하는 한 아기를 더 많이 돌볼 수 있게 해 주어야 한다.

캥거루 마더 케어를 하는 동안 아기의 체온은 더욱 안정적으로 유지되며, 엄마의 몸은 그런 아기의 체온에 반응을 한다. 아기의 몸은 큰 온도 차이를 겪지 않는 것이 중요하다. 그리고 켈리는 인큐베이터에 있었을 때보다 내가 안고 있을 때 무호흡 현상이 더 적었다. 만일 병원 의료진의 말만 듣고 하루에 한두 시간만 아기를 안아 주었다면, 아기에게 무호흡증을 비롯한 얼마나 많은 문제가 있었을까?

게다가 신생아 집중치료실에서는 모유 수유를 탐탁지 않게 여겼다. 거기에서는 마음 편히 모유를 먹일 수가 없었다. 모유를 짜 넣은 우유병으로 아기에게 먹이는 것은 선호하지만, 아기가 엄마의 가슴에서 직접 모유를 찾아 먹는 것은 권하지 않았다. 물론 켈리가 젖을 스스로 찾아 먹는 게 시기상조처럼 보였을지도 모르겠다. 하지만 그때 아기를 가슴에 올려놓지 않았다면 모유 받아먹는 법을 그렇게 빨리 터득하지는 못했을 것이다.

캥거루 자세로 안아 주는 것은 아기가 젖을 원할 때 스스로 신호를 보내는 데 도움이 되었다. 그래서 켈리는 생후 3주 후 1.35kg가 되었을 때 모유 수유를 하기 시작했다. 그건 정말 빠른 시도였다.

신생아 집중치료실에서의 두 달 동안, 캥거루 마더 케어나 모유 수유를 엄두도 내지 못하는 엄마를 많이 보았다. 그 엄마들은 퇴원하는 순간에도 여전히 젖병을 사용하고 있었다. 분명 그 후로 결국 단 한 번도 모유 수유를 하지 못했을 것이다.

당연한 사실이지만 부모는 아기와 함께 있을 권리가 있다. 물론 병원이 의학적 도움은 줄 수 있다. 하지만 아기를 돌볼 권리는 일차적으로 부모에게 있으며, 육아가 가족을 화목하게 하는 것임은 당연하다. 따라서 아기가 부모와 떨어지는 시간을 최대한 줄이기 위해 의료진이 캥거루 마더 케어를 옆에서 도와줄 필요가 있다. 단지 부모의 기분을 맞춰 주기 위해서가 아니라, 부모에게 안기는 게 아기의 타고난 권리라는 관점에서 말이다. 아기에 대한 모든 의료적 조치도 이런 관점을 염두에 두고 행해질 필요가 있다고 본다.

인큐베이터에 있는 아기는 동물이 아니다

다시 한 번 말하지만 나는 캥거루 마더 케어를 제대로 하기 위해 힘든 싸움을 거쳤다. 간호사들은 처음부터 이 육아법 때문에 자신의 할 일이 많아진다고 생각해서 달갑게 여기지 않았다. 그들이 관리해야 하는 많은 튜브와 전신이 아기의 몸에 달려 있었기 때문이다. 그들이 아기를 안고 있으라며 건네 준 건 딱딱한 병원 의자였다. 아기가 조금 자라자 내가 혼자서 아기를 인큐베이터에 넣었다 뺐다 할 수 있었지만, 간호사들은 여전히 그런 나를 부담스럽게 여겼다.

켈리는 신생아 집중치료실에 8주 동안 있었는데, 내가 편히 기대 누울 수 있는 의자를 받은 것은 4주나 흐른 후였다. 고작 의자 하나 받는데 4주나 걸리다니! 내가 소아병동에서 가져온 그 편한 의자를 쓰기 시작하자, 다른 부모들도 앞 다투어 그 의자를 요구하기 시작했다. 결국 의료진은 같은 의자 몇 개를 신생아 집중치료실로 끌어다 놓았다.

나는 체력이 버티는 한, 하루 16시간 정도 아기를 안고 있었다. 가끔 남편이 내가 잘 수 있도록 두세 시간쯤 아기를 안아 주기도 했다. 간호사들은 이것엔 더욱 더 비협조적이었다. 아기 아빠인 남편이 아기와 함께 조금 있겠다는데 허락을 받아야 하다니, 기가 찰 노릇이었다.

더군다나 몇몇 간호사는 내가 하는 이 케어를 노골적으로 적대시했다. 그런 일들은 내게 엄청난 스트레스였다. 급기야는 우울증까지 걸려 치료가 필요할 지경이었다.

심리치료사는 내 우울증이 리안나를 잃어서 생긴 거라고 분석했다. 하지만 나중에서야 깨달았는데, 우리 부부는 리안나를 잃은 사실을 상당히 평온하게 받아들이고 있었다. 내 스트레스는 오히려 켈리에게 필요한 것을 해 줄 수 없다는 데서 비롯된 것이었다.

캥거루 마더 케어를 하는 동안 아기를 돌봐 줄 지인들을 불렀다. 하지만 신생아 집중치료실이 방문객은 허용해도 방문객이 아기를 만지는 것은 금지한다는 게 문제였다. 나는 신생아과 의사들에게 캥거루 마더 케어에 대한 지침서를 두 권 주고, 그들이 이 육아법에 대해 전반적으로 잘못 생각하고 있음을 지적했다.

아쉽게도 캥거루 마더 케어와 관련된 책이나 정보를 얻을 수 있는 곳은 그다지 많지 않았다. 세계보건기구[WHO]에서 낸 캥거루 마더 케어 관련 지침서와 케어에 입문하는 부모를 위한 닐스 버그만의 책자 정도 뿐이었다. 이 케어와 관련된 논문이나 연구 자료가 조금 있기에 찾아 읽어 보았지만, 정작 케어 자체를 다룬 굵직한 책은 없었다.

오늘날에도 캥거루 마더 케어가 무엇인지 아는 엄마가 별로 없을 것이다. 내가 수업 시간에 캥거루 마더 케어에 대해 언급하면, 많은 부모가 금시초문이라고 대답한다. 게다가 우리 주(州)에 있는 병원에서도 호흡기를 달고 있는 아기에게 캥거루 마더 케어를 허용하지 않고 있다. 호흡기를 달고 있는 아기는 그 어떠한 외부 자극으로부터도 방해를 받으면 안 되고, 인큐베이터 안에만 있어야 한다는 것이다. 이건 틀렸다. 미숙아라도, 혹은 호흡기를 달고 있는 아기라도 안아 줄 필요가 있다.

나는 간호사들이 내게 이렇게 묻는 것이 가장 싫었다.

"아기를 면회하러 오셨나요?"

그러면 나는 이렇게 대답했다.

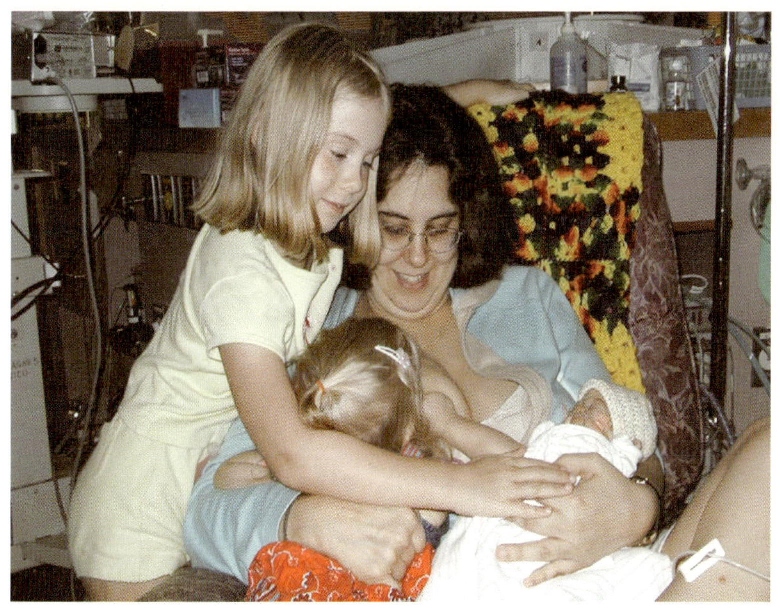

"아뇨! 나는 아기 엄마예요. 내 아기를 돌보는 중이라고요!"

마치 동물원에 있는 동물이라도 보러가는 기분이었다. 내 아기를 돌보는 것은 의료진이고, 나는 그저 방문객이란 말인가. 그런 식으로 주객이 전도되는 것이 싫었다. 병원에서 부모는 방문객이 아니라 아기를 돌보는 사람이라는 것을 확실히 할 필요가 있다.

켈리는 태어난 지 얼마 되지 않았을 때 체중이 약간 줄어서 약 1.02kg이 되었다. 나는 아기를 캥거루 자세로 안으며 아기의 머리가 내 가슴에 가까이 닿도록 했다. 그러자 생후 5일째 되던 날, 아기는 내 젖꼭지를 찾아 물고는 다섯 번을 빨았다. 간호사가 이걸 보고는 소리를 질렀다.

"너무 위험해요. 아기가 지치면 어쩌려고요!"

그들은 젖병으로 먹이는 것이 아기가 훨씬 지친다는 많은 연구 결과를 완전히 무시하고 있었다. 나는 내 아기에게는 젖병을 주지 말라고 요구했다. 대신 모유를 먹이거나 튜브를 통해 영양을 공급 받도록 했다.

어떤 의사는 우리 부부에게 캥거루 마더 케어는 의료 장비와 기술이 제대로 갖춰지지 않은 제삼세계 국가에서만 행해지는 것이라고 말했다. 하지만 사실 이 캥거루 마더 케어는 오히려 아기를 인큐베이터에서 더 빨리 나올 수 있게 하는 요법이라고 보는 게 맞다.

빈곤국가에서만 이 케어가 행해진다는 그 의사의 말은 믿을 수가 없었다. 그 말은 연구로 증명된 것도 아니거니와 그저 서양 의학이 이 케어를 전반적으로 무시하고 있음을 드러낸 것이었다.

병원이 변했어요

병원에서 캥거루 마더 케어를 실시하는 일은 여전히 쉽지 않다. 나는 퇴원을 한 후에도 상황 개선에 사명감을 느낀 나머지, 내가 머물던 병원의 행정 관리팀에 편지를 보내 강하게 이의를 제기했다. 편지를 받은 행정 관리팀은 정책 일부를 개정하기 위해 위원회를 구성했다. 그 후 나는 약 1년에 걸쳐 병원의 수유 상담원과 계속 연락을 주고받았다. 그 상담원이 말하길, 현재 캥거루 마더 케어를 위한 병원의 환경은 개선되고 있으며 더 많은 엄마가 신생아 집중치료실에 수유 상담원 불러 모유 수유에 도움을 받게 되었다고 한다. 또 이제는 엄마가 아기를 안아 줄 수 있는 환경도 많이 발전했다고 한다.

이 모든 게 다 5년 전의 일이다. 대견스럽게 아기는 정말 잘 자라고 있다. 켈리는 하나의 신장만을 가지고 태어났고, 죽은 아기인 리안나는 출생 당시 약 15가지의 장애가 있었다. 의료진은 켈리마저 학습 능력과 정서 발달에 문제가 있을지도 모른다고 경고했다. 하지만 켈리는 지금 멀쩡하다. 나는 그 이유가 캥거루 마더 케어를 비롯한 레이키 치료, 유색 침술 등 다른 몇 가지 요법 덕분이라고 생각한다.

오늘날의 일반적인 출산 문화에서는 일단 아기가 나오면 간호사와 신생아과 의사가 아기를 돌보는 모든 절차에 절대적 권위를 갖는다. 이들이 모든 결정을 내리며 그때부터 산부인과 의사는 발언권이 없다. 산부인과 의사는 태아 검진 시 캥거루 마더 케어에 관해 충고해 주지 않는다. 이건 다른 의료진도 마찬가지다. 이 케어가 일상적인 태아 검진 관련 사항이 아니기 때문이다. 게다가 조산사조차 이 케어에 관한 정보를 가르쳐 주지 못하는 경우가 대부분이다.

최근에 나는 조산원에서 미숙아를 한 달 동안 세 명이나 돌보았다. 그러면서 미숙아의 부모가 병원에 갈 일이 있으면 함께 따라가서 같이 앉아 있어 주었다. 그리고 그들이 캥거루 마더 케어를 하려면 어떻게 해야 하는지, 이와 관련해서 병원 쪽에 어떤 주장을 할 수 있는지를 세세히 가르쳐 주었다.

내가 조산사 일을 하고 있는 병원에서는 엄마가 가끔 캥거루 마더 케어를 하도록 허락해 주고 있다. 여기의 상황은 그리 나쁘지 않은 편이다. 하지만 케어를 도입하던 초창기에는 갓 태어난 아기가 엄마에게 건네질 때 모포나 포대기로 미라처럼 꽁꽁 싸여 있는 것을 보았다. 나는 그렇게 하지 말라고 했다. 아기에게 옷을 입히지 말고 엄마와 피부가 맞닿도록 가슴에 아기를 놓은 다음, 그 위에 담요를 덮어 주라고 충고했다. 또 왜 이게 중요한지를 그들에게 설명했다.

재미있던 건 병원의 여기저기에 맨살 접촉의 중요성에 관한 포스터가 붙어 있었다는 것이다. 그런데도 정작 그게 절실히 필요한 아기들이 있는 신생아 집중치료실에서는 그렇게 하지 않는다니 원. 참으로 아이러니한 일이다.

나는 아기가 호흡기에 의존하거나 아주 불안정한 상태가 아니라면 최대한 빨리 아기와 함께 지내는 것이 중요하다고 생각한다. 하지만 캥거루 마더 케어의 원래 목적이 불안정한 상태의 신생아를 안정시키기 위한 것임을 짚고 넘어갈 필요가 있다.

대부분의 미숙아는 태어나자마자 이 케어를 시작할 수 있다. 하지만 내 경우에는 3일 째에야 가까스로 아기를 인큐베이터에서 꺼낼 수 있었다. 그 3일은 이 케어를 하지 않고 보내기엔 너무도 아까운, 중요하고도 긴 시간이었다. 아기가 태어난 첫날부터 이 케어를 할 수도 있었을 것이다. 하지만 의료진이 그걸 허락하지 않았다. 그래서 나는 도대체 아기를 데려와 이 케어를 해 주려면 누구에게 말해야 되는지, 또 그걸 허락할 권한을 가진 이는 누구인지에 대해 궁리해야 했던 것이다.

나는 내 수업을 듣는 부모들에게 충고한다.

"당신의 아기에게 행해지는 모든 일은 당신의 허락 하에 이루어져야 하는 거예요."

이건 말뿐이 아니라 실제로 부모가 권리를 가진 사안이다. 하지만 대부분의 부모는 신생아 집중치료실 의료진이 두려운 나머지, 이 권리를 행사하지 못하고 있다. 부모는 이렇게 말할 수 있어야 한다.

"제가 원하는 건 이겁니다. 과학적인 근거도 있습니다."

본인이 원하는 대로 케어를 해 주지 않는 병원이라 해도, 본인이 직접 이 케어에 대해 조사를 하고 전 세계적으로 이미 실시되고 있는 육아법이라고 당당히 말하는 것. 이게 바로 내가 원하는 모습이다.

나는 부모들에게 도전적인 태도가 아니라 최대한 정중하고 공손하게 말하라고 가르친다.

"내 아이를 위해 이렇게 하고 싶은데요, 어떻게 하면 됩니까?"

의료진이 이를 거절한다고 해도 부모가 뜻을 굽히지 않을 자신이 있다면 이렇게 말하라고 연습을 시킨다.

"저는 그 말씀에 동의하지 않습니다. 필요하다면 각서에 서명하겠습니다."

나는 이걸 몇 번 반복하여 크게 말하도록 연습시킨다. 부모가 말이 막혀 의료진에게 자신이 원하는 바를 주장하지 못하는 경우가 없도록 하기 위함이다. 그리고 부모가 이렇게 말할 수 있기를 바란다.

"내 아이를 위해서 이렇게 하는 것은 제 권리예요. 이렇게 하고 싶어요. 아이를 안아 주지도 못하면서 이 인큐베이터에 두는 것에 동의할 수 없어요. 당신들이 져야 할 책임 때문에 걱정하는 것이라면 원하는 어떤 각서에라도 기꺼이 서명하겠습니다."

내가 신생아 집중치료실에 있었을 때는 세 장의 각서에 서명했다. 이 케어를 둘러싸고 병원 측과 너무 옥신각신했기 때문에, 나는 병원의 변호사에게 의료진이 두려워하는 것이 무엇이든 그들이 책임을 묻지 않도록 서명할 테니 각서를 만들어 달라고 하기에 이르렀다. 매우 정중히 말했지만 내 의사는 확고했다. 부모는 자신이 의료진에 무엇을 요구할 수 없는 입장이라고 생각할지도 모른다. 하지만 그들은 요구할 수 있고, 요구해야 한다.

미국에서는 모든 신생아 집중치료실의 아기가 사회복지사의 도움을 받는다. 만약 미숙아의 부모로서 아무런 지원을 받지 못하고 있다면, 해당 병원의 환자 보호협회나 사회복지사의 지지를 받아 이 도움을 요청할 수 있다.

안타깝게도 미국의 임산부 대부분은 이런 종류의 교육을 못 받고 있다. 하지만 요즘의 부모들은 조산사를 통해서라도 어느 정도 깊이 있는 출산 준비 교육을 받으려 한다.

아까도 말했듯이 산부인과는 소아과 및 신생아과와는 동떨어져 있기 때문에 산부인과 의사들은 부모에게 출산 준비 교육을 시키지 않는다. 또 임산부는 소아과 의사와는 고작 30분 정도의 상담을 할 뿐이다. 그 상담에서도 소아과 의사들은 캥거루 마더 케어에 대해 말하지 않을 것이다. 이들이 말해 주는 것은 상투적인 것뿐이다. 예를 들면 의사가 주말에 근무하는지, 그 의사를 응급실에서 찾을 수 있을지 어떨지, 이런 것들 말이다.

이런 문제의 개선을 위해서는 아기의 부모들이 앞장서야만 한다. 의사와 간호사가 먼저 캥거루 마더 케어를 권할 리는 거의 없기 때문에, 지금으로서는 이를 요구하고 시행하는 것이 부모의 몫이다. 따라서 캥거루 마더 케어에 관한 교육을 마련하고 부모 스스로 이 케어를 요구하게

끔 하는 게 최선이다.

물론 병원의 의료진이 "여기 미숙아인 내 아기를 돌보기 위한 좋은 의견이 있어요"라고 말하는 고객에 익숙하지 않은 것은 사실이다. 그러나 내 주장은 결국 어느 정도의 바람직한 변화를 가져왔다. 다른 부모도 자신의 아기를 위한다면 이런 주장은 할 수 있어야 한다고 생각한다.

Chapter 8

스웨덴의 간호사 커스틴

♥ ♥

커스틴 헤드버그 뉘비스트는 스웨덴에 거주하는 간호사이자 학자다.
세계적 권위의 캥거루 마더 케어 전문가인 그녀는
캥거루 마더 케어를 실무적 관점과 이론적 관점의 양 방면으로 연구했다.
박사 논문에서도 캥거루 마더 케어에 대한 심층 연구를 다루었다.
커스틴은 지금 스웨덴의 웁살라 대학병원에서 소아과 간호부서 조교수로 일하고 있다.
그녀는 캥거루 마더 케어가 제삼세계에서만 행해지는 것이 아님을 강조한다.

간호사는 부모를
대신할 수 없다

나는 간호사다. 일반 소아과에서 1년 근무한 기간을 제외하고는, 26년째 간호사로 일하면서 대부분의 시간을 신생아 집중치료실에서 보냈다.

처음 간호사 일을 시작했을 때 곧이곧대로 받아들일 수 없는 일이 많았다. 그저 으레 그렇게 하는 거라는 말로는 충분히 납득할 수 없었다. 나는 어떠한 의료 행위 이면에 놓인 '왜'라는 질문에 대해 곰곰이 생각했다.

소아과 간호사 자격증 취득 후, 나는 어떻게 하면 좀 더 바람직한 신생아 집중치료실 환경을 만드는 데 보탬이 될 수 있을지 궁리하기 시작했다. 그래서 관련 문헌을 읽으며 혼자 연구하기 시작했다.

처음 내 관심을 끈 건 모유 수유였다. 출산 직후 엄마와 아기를 떼어 놓는 조치는 이치에 맞지 않다는 생각이 들었다. 왜 엄마는 산후조리실에, 아기는 신생아 집중치료실에 있어야만 하는지? 미숙아뿐 아니라 정상적으로 태어난 아기도 엄마와 떨어져 있어야 하는 건 마찬가지였다.

스웨덴의 한 조산사가 발표한 연구 결과에 따르면, 태어나자마자 엄마와 떨어져 지낸 아기는 그렇지 않은 아기보다 모유를 먹게 되는 경우가 적다고 한다. 당시 신생아 집중치료실에서는 아기가 34주가 될 때까지 엄마의 가슴에서 직접 모유를 먹는 것을 허락하지 않고 있었다. 이에 의문이 생긴 나는 이 34주라는 기준에 대한 뚜렷한 근거와 이유를 찾고자 노력했다.

그렇게 문헌을 찾아 읽던 중, 라틴 아메리카와 남아프리카의 캥거루 마더 케어에 관한 자료를 찾았다. 이 지역에서는 미숙아에게 모유 수유를 하고 있으며, 아기가 병원을 떠날 때 즈음이면 모유만 먹는 상태라고 했다. 미숙아가 빨고, 삼키고, 숨 쉬는 것을 동시에 조화롭게 할 수 없다는 것은 근거 없는 이야기인 셈이다.

당시 간호사는 그다지 학문적인 직업 분야가 아니었다. 하지만 나는 학문적으로 접근하고 싶었다. 그래서 박사 과정에 들어갔고 미숙아의 발달에 모유 수유가 끼치는 영향을 연구 과제로 택했다. 직접 아기를 관찰하고 싶어서 모유 수유 분야 자격증을 따기도 했다. 공부를 통해 엄마와 아기 사이 상호작용의 중요성, 소통 방법에 대해 알고 싶었다.

박사 과정에 있을 때 내가 근무하던 병원 부서장(신생아 집중치료실 의료부장)이 나의 조언자가 되어 주었다. 다행히 그는 내가 공부하고 있던 주제에 관심을 가지고, 콜롬비아에서 실시하고 있는 방식 그대로의 캥거루 마더 케어를 신생아 집중치료실에 도입하려고 노력했다. 그 덕에 우리 신생아 집중치료실에서 캥거루 마더 케어를 실시할 수 있게 되었다.

당시 나는 캥거루 마더 케어에 대한 학문적 연구에만 집중하다가 박사학위를 받은 후에는 조교수 일도 겸했다. 나는 내 시간의 1/3은 가르치는 일에, 1/3은 연구에, 나머지 1/3은 병원 근무에 사용했다. 나의 병원 근무란 신생아 집중치료실의 개선을 위해 노력하는 한편, 여러 가지 복잡한 모유 수유 상황을 돕는 데 집중하는 것이다.

스웨덴은 지금 캥거루 마더 케어 열풍

나는 모유 수유에 대해 상담을 해 주면서 병원에 있던 엄마들과 친해졌다. 엄마들과 대화하며 그들을 대상으로 조사를 했다. 병원에서의 부모 역할에 대해 함께 논의하기도 했다. 또 연구진과 함께 의료진과 엄마들 양쪽에 설문지를 돌리기도 했다.

이 연구 결과는 일차적으로 아기를 돌보는 역할을 부모가 맡아야 한다는 자명한 사실을 확인해 주었다. 병원 직원이 부모를 대신할 수는 없는 것이다. 친부모가 직접 와서 아기의 간호를 돕게 하는 것이 옳다. 부모도 그렇게 하길 원하며, 또 그렇게 해야 한다.

연구와 병원 근무를 시작하기 전에는 신생아 집중치료실에서 부모가 얼마나 중요한지에 대해 미처 깨닫지 못했다. 연구를 통해 얻게 된 정보를 곱씹는 동안, 지금은 38세가 된 내 딸아이를 떠올리지 않을 수 없었다. 딸아이는 태어나자마자 꼬박 12일 동안을 신생아 집중치료실에 있었는데, 왜 그렇게 떨어져 있어야 했는지 그 이유에 대해서 한참 후에야 알게 되었던 것이다. 오랜 시간이 지났지만, 아직도 아기와 떨어져 있어야만 했던 그 상황이 얼마나 절박했는지 생생히 기억한다. 그렇기 때문에 나는 신생아 집중치료실에 아기를 맡긴 부모의 상황을 이해할 수가 있다. 아기와 떨어지는 안타까운 순간 부모가 보이는 반응에도 전적으로 공감한다.

스웨덴에서 캥거루 마더 케어는 1980년대 중반에 도입되었다. 처음에 시작된 곳인 콜롬비아와는 다르게 고소득 국가인 스웨덴에도 도입되었고, 부모에게 유익한 이 케어 특유의 아늑한 분위기 조성 덕분에 주목을 받았다.

하지만 캥거루 마더 케어에 의료적 기술이 거의 들어가지 않는다는 이유로 선호도가 높지 않았다. 부모가 시간이 있을 경우에만 잠깐 실시하는 정도였다. 대부분의 부모가 하루 한두 번, 단 몇 시간 동안만 아기에게 캥거루 마더 케어를 해 주곤 했다.

반면 저소득 국가에서는 '완전한' 형태의 캥거루 마더 케어가 지속적으로 실행되었다. 결국 나중에 스웨덴에서도 아기의 체온을 조절하기 위해 계속해서 엄마의 피부와 접촉하도록 하는 이 '완전한' 캥거루 마더 케어 개념을 도입하게 되었다. 이상적인 캥거루 마더 케어에는 모유 수유와 충분한 추가 검진 역시 포함된다.

캥거루 마더 케어의 효과에 대한 증거는 많다. 우리는 캥거루 마더 케어가 가족과 아기에게 미치는 좋은 영향에 대해 알고 있기 때문에, 아기에게 케어를 실시할 것인지 여부를 부모에게 더 이상 묻지 않는다. 대신 캥거루 마더 케어는 육아법의 필수라고 말해 준다. 이제 스웨덴에서 캥거루 마더 케어는 일상적인 것이 되었다. 일종의 규범이라고 할 수 있을 정도다. 우리는 부모에게 신생아 집중치료실를 방문할 수 없을 때는 미리 말해 달라고 한다. 동시에 캥거루 마더 케어가 아기에게 주는 영향을 설명하며, 캥거루 마더 케어의 경험을 다른 가족과 나눌 수는 있을지 몰라도 진정한 캥거루 마더 케어를 실시할 수 있는 것은 부모라는 사실 또한 가르쳐 준다.

출산 전 몸 관리에 두 가지 방법이 있다고 하자. 만약 한 쪽이 다른 한 쪽 보다 효과가 있다면, 굳이 둘 중에서 선택하라고 말하지 않을 것이다. 더 나은 방법만을 소개할 뿐이다.

산후 관리도 마찬가지다. 우리가 생각하는 최선의 산후 관리 방법이 바로 캥거루 마더 케어인 것이다. 따라서 의료진이 이 케어의 목적에 대해, 또 왜 이 케어를 실시해야 하는지에 대해 부모에게 말해 주어야 할 필요가 있다.

캥거루 마더 케어는 이제 선택 사항이 아니라 모든 아기를 위한 규범이다. 캥거루 마더 케어는 24시간 실시되는 것이 이상적이다.

캥거루 마더 케어가 스웨덴에 처음 도입되었을 때, 우리는 비교적 개월 수를 많이 채우고 태어난 미숙아에게 이를 먼저 실시하기 시작했다. 그리고는 점차 더 심각한 미숙아에게도 실시해 나갔다. 지금은 몇 주 된 아기인지와 상관없이 태어난 첫 주에 캥거루 마더 케어를 실시한다. 23주에서 27주 사이에 태어난 미숙아의 경우에는 태어나자마자 캥거루 마더 케어를 실시하는 것이 어려울 수도 있다. 하지만 그렇더라도 한두 시간 이내에, 정 안되겠으면 그 다음 날에라도 캥거루 마더 케어를 시작해야 한다.

예외 상황은 아기가 만져지는 것에 극도의 민감 반응을 보이거나 아기가 탈수 상태인 경우, 체중이 자꾸 줄어드는 경우 체내 나트륨 수준이 너무 높은 경우다. 이럴 때는 수분 손실을 막기 위해 특수한 방식으로 아기를 덮어 주어야 한다. 아기들은 산소 공급을 받고 있거나 도관catheter에 연결되어 있는 상태에서도 캥거루 마더 케어를 받을 수 있다.

캥거루 마더 케어는 아기가 스스로 체온을 조절할 수 있을 때까지, 대체로 아기 체중이 2.5kg이 될 때까지 계속한다.

캥거루 마더 케어의 장점은 무수히 많다. 우선적으로는 아기의 체온 조절을 도와주고, 생리적인 안정성을 향상시킨다. 또한 정맥관 삽입이나 상처 봉합, 심지어 인큐베이터에 놓이는 것과 같은 의료 처치도 아기에게 스트레스를 줄 수 있는데, 그런 힘든 의료 처치를 견뎌내는 동안 통증을 감소시킨다. 또 이 기특한 케어는 젖의 분비와 모유 수유를 돕고, 전반적으로 아기의 생활이 정상화되도록 한다. 케어를 받는 아기는 부모의 목소리를 듣고 피부를 느끼며 냄새를 맡는데, 이는 자궁 안에서 느꼈던 것과 아주 유사한 감각적 자극이다. 또한 부모 입장에서도 아이를 돌보는 데 익숙해질 수 있어서 도움이 된다.

캥거루 마더 케어 덕분에 이제는 간호사가 하던 일을 부모가 직접 할 수 있게 되었다. 간호사는 정맥에 연결된 선 관리 같이 전문적 트레이닝을 요하는 간호 업무에 더 집중할 수 있다. 간호사의 역할이 바뀐 셈이다. 이제 간호사는 부모가 아기를 돌보는 일차적인 역할을 맡음을 인정하고, 아기를 더 잘 돌보도록 그들을 교육하고 옆에서 도우면 된다.

간호사는 도움을 주는 사람입니다

짐바브웨에서 행해진 한 캥거루 마더 케어 관련 연구는 스웨덴에서 성장하고 공부한 소아과 분야의 두 의사에 의해 진행되었다. 이들은 곧 콜롬비아식의 캥거루 마더 케어를 짐바브웨에 도입했다. 그들은 도심에서 떨어진 한적한 병원에서 일하면서 연구를 했고, 그 결과 캥거루 마더 케어가 그 병원 환경에서 아기들의 생존율에 기여한다는 사실이 밝혀졌다.

나는 캥거루 마더 케어에 대한 사람들의 시선에 변화가 일어나고 있음을 느낀다. 물론 캥거루 마더 케어의 도입 초창기에는 일부 간호사의 반대에 부딪히기도 했다. 막 출산을 한 산모에게는 휴식이 필요한데, 대체 왜 맨살로 아기를 안도록 시켜야 하는지 모르겠다는 것이다. 간호사들은 이 케어가 부모를 매우 피곤하게 만든다고 생각했다. 그래서 어쩔 수 없이 지시에 의해서만 캥거루 마더 케어를 시행했을 뿐, 실제로는 그나시 협조적이지 않았다.

한 번은 아기를 낳자마자 캥거루 마더 케어를 실시했던 부모와 간호사들이 면담을 할 수 있는 교육 세션을 마련한 적이 있다. 한 간호사가 이렇게 물었다.

"밤에는 아기를 신생아실에 맡기는 편이 낫지 않으세요? 아기를 우리에게 맡기면 편하게 잠잘 수 있잖아요."

그러나 부모들은 깜짝 놀라 되물었다.

"왜요? 우리가 왜 그래야 되죠?"

간호사의 말이 부모들에게는 아주 이상하게 들렸던 모양이다. 자신이 아기의 부모이니 당연히 아기를 돌보아야 한다고 생각한 것이다.

요즘의 신생아 집중치료실에서는 부모들이 방문객처럼 아기를 만져도 되냐고 간호사에게 묻지 않는다. 오히려 아기를 다른 사람의 손에 맡기는 것을 불안하게 생각한다. 나는 캥거루 마더 케어를 하고 있는 부모의 얼굴을 볼 때마다 이 육아법이 얼마나 효과적인지를 느낄 수 있다. 아기들은 평온하고 이완된 상태이며, 부모의 얼굴에 기쁨이 가득하다.

가끔은 아기가 심각하게 아파서, 우리가 최선을 다했음에도 곧 죽을 것 같다는 느낌이 든다. 그럴 때면 우리는 아기를 인큐베이터에서 꺼내 부모가 맨살을 맞대고 안을 수 있도록 해 준다. 그렇게 마지막 인사의 순간이라고 여겼던 부모와 접촉을 했는데, 아기가 되살아나는 경우가 생기기도 한다. 의료기술이 해 줄 수 있는 것은 모두 했다. 이젠 가망이 없다고 생각했는데 엄마의 품에서 아기가 되살아나는 것이다. 실제로 인큐베이터에서 아기를 꺼내 부모가 맨살로 안아 주면 경우에 따라서는 아기가 생리학적으로 훨씬 더 안정된다는 것이다.

어떤 사람들은 캥거루 마더 케어의 효과를 신뢰하지 않는다. 하지만 그건 그들이 이 케어에 대해 충분히 알고 있지 않기 때문이다. 어떤 의료진들은 캥거루 마더 케어를 실시하면 자신들의 위치가 불분명해진다고 생각한다. 게다가 부모는 미숙아를 돌보는 사람으로서 적절하지 않다고 말한다. 어떤 간호사는 부모가 신생아 집중치료실를 수시로 간섭하는 것을 못마땅하게 여긴다.

　실제로 핀란드에서 이런 일이 있었다고 한다. 엄마가 피부를 맞댄 채 아기를 안아 주고 있는데 간호사가 와서는 아무 말도 하지 않고 곁에 서 있더니 결국 이렇게 말했다는 거였다.

"언제 돌아가실 건가요?"

　그 간호사는 아기 엄마가 신생아실에 너무 오래 있었다고 언짢게 생각했던 모양이다.

　간호사는 부모가 늘 아기 곁에 있는 것에 익숙해지게끔 스스로 자신들의 태도를 바꾸어나갈 필요가 있다. 아기가 엄마의 몸 위에 놓인 상태에서 여러 가지 의료 절차를 수행하는 법도 배워야 한다. 물론 이건 전혀 새로운 경험이다. 자신이 하는 일을 이제 부모가 옆에서 하나하나 지켜보게 될 테니 말이다. 또 부모가 아기를 돌보는 데 거의 모든 일을 직접하고 문제가 있을 때만 간호사에게 도움을 구하니, 자신의 권위가 실추되었다고 느낄 수도 있을 것이다.

　공간상의 문제도 있다. 부모가 신생아 집중치료실에 있으려면 그들을 위한 공간, 의자와 침대가 필요하다. 이렇게 물리적 환경이 바뀌면 그 안에서의 역할 분담에도 변화가 온다. 간호사는 더 이상 전적으로 아기를 돌보는 역할을 맡지 않고, 부모도 더 이상 단순한 방문자가 아니니까. 한마디로 간호사는 도우미가 되는 것이다.

　이 사실을 받아들이기 어려워하는 간호사도 있다. 이들이 캥거루 마더 케어가 부모와 아기, 또 자기 자신에게 주는 유익함을 이해하게 되려면 제법 많은 시간이 필요할 것이다. 간호사들이 느끼는 껄끄러움은 교육으로 충분히 극복될 수 있다고 생각한다.

병원에서 캥거루 마더 케어를 시작하려면 이 케어에 그리 민감하게 반응하지 않는 미숙아에게 먼저 실시하는 게 좋다. 더 미숙한 상태의 아기들에게는 점진적으로 이 케어를 실시해 나간다. 필요하다면 캥거루 마더 케어에 대해 가르치는 교육 전담 부서를 만들어도 좋다. 특히 캥거루 마더 케어 프로그램에 대한 병원 관리팀의 지지를 확고히 하는 것이 중요하다. 관리팀 쪽에서 모임을 주선하고, 관련 문제에 대해 논의하고, 이에 대한 해결책을 강구하는 노력이 필요한 것이다. 물론 이 모든 것은 진행이 느릴 수 있으므로, 병원의 모든 사람이 같은 입장을 공유하기까지는 몇 년의 시간이 걸릴 수도 있음을 염두에 두어야 한다.

‘언제 시작하지? 얼마나 자주?’의 문제가 아니다

캥거루 마더 케어의 시행을 어렵게 하는 수많은 장벽 중 하나는 물리적 환경의 문제다. 우선 이 케어를 계속하려면 수유용 침대가 필요하다. 캥거루 마더 케어를 위한 수유 침대는 머리나 무릎을 받치기 위한 별도의 지지대가 있고, 간호사가 아기에게 필요한 의료 절차를 편하게 행할 수 있는 높이까지 올라갈 수 있어야 한다. 보통의 의자로는 두 시간 넘게 계속되는 캥거루 마더 케어를 하기 힘들기 때문에 기대 누울 수 있는 의자도 필요하다. 그리고 어느 정도의 공간도 당연히 필요하다. 공간이 부족하다면 창의적인 아이디어를 발휘해서라도 공간을 확보해야 한다.

이러한 문제를 효과적으로 해결하려면 부모가 전면에 나서야 한다. 캥거루 마더 케어가 아직 병원에 도입되지 않은 상태라면 부모는 이 케어를 할 수 있도록 요구할 수 있다. 캥거루 마더 케어에 대한 책을 가지고 있거나 출산 전부터 이 육아법에 대해 알고 있다면 그 출발은 더욱 쉬울 것이다. 부모는 아기와 떨어지지 않도록 해 줄 것을 요청해야 한다.

"왜 내 아기를 내가 직접 안을 수 없나요?"

엄마의 몸 상태가 괜찮다면 제왕절개 후에도 엄마가 캥거루 마더 케어를 하는 것이 좋고, 그럴 수 없다면 엄마가 회복하기 전까지 아빠가 하면 된다. 캥거루 마더 케어에 관한 웹사이트를 찾아 관련 정보를 읽고 이 케어를 하는 사진을 보는 것도 좋다. 육아잡지 등을 참고해도 도움이 될 것이다. 이런 부모의 노력을 돕기 위해, 출산 준비 관련 수업에서도 캥거루 마더 케어에 대한 교육을 실시하는 게 바람직하다.

우리 병원은 엄마와 아기 사이의 유대감 형성과 모유 수유 촉진의 차원에서 캥거루 마더 케어를 소개하고 있다. 아기는 태어나자마자 엄마나 아빠의 가슴 위에 놓이게 되고, 그 후로도 계속 옷을 입지 않은 채 부모의 맨살과 닿아 있다. 낮 동안 계속 엄마와 맨살을 맞댄 채 있어야 하고, 특히 밤에도 엄마와 한 침대에서 자는 것이 좋다. 이때 아기가 너무 더워하거나 좁아서 불편해하지 않도록 안전하게 해야 한다. 같이 자는 것이 쉽지 않다면 엄마의 손이 닿는 거리의 아기용 침대에서 재울 수도 있다. 낮 동안에 피부를 맞대고 있으면 엄마와 아기 사이의 유대감이 향상되고, 엄마가 언제 젖을 먹여야 할지를 쉽게 알 수 있다. 또한 이 케어를 통해 아기의 수면 패턴도 파악할 수 있다. 캥거루 마더 케어를 하는 동안 엄마는 자기 아이에 관해서 전문가가 되는 것이다.

캥거루 마더 케어는 고모나 이모, 조부모 등 다른 가족도 할 수 있다. 또 아기의 형제자매도 부모의 보호 아래 갓난 동생에게 이 케어를 해 줄 수 있다. 이를 통해 형제자매는 어린 동생과 한층 친해지게 될 것이다. 캥거루 마더 케어를 할 때는 아기가 춥지 않도록 담요 등으로 잘 덮어 주고, 열 손실을 막기 위해 모자를 씌우는 것을 잊지 말자.

피부를 맞대지 않거나 아기를 안아 주지 않을 때는 다른 방법으로라도 아기를 따뜻하게 해 주어야 한다. 예를 들면 목욕을 할 때처럼 짧은 시간 동안 말이다. 만약 병원에서 포경수술을 했다면 아기가 느끼는 고통을 줄여 주기 위해 수술 후 바로 캥거루 마더 케어를 하는 것이 좋다.

캥거루 마더 케어는 '얼마나 자주 해 줄 것인가?'의 문제가 아니다. 오히려 '얼마나 자주 못 해 주는가?', 또 '무엇 때문에 못 해 주는가?'의 문제다. 즉, 이 케어는 부모가 할 수만 있다면 계속 해 주어야 하는 것이다. 또한 '캥거루 마더 케어를 언제 시작할 것인가?'가 아니라 '왜 지금 당장 못하는가?'의 문제이기도 하다.

우리 간호부서에는 차트가 있는데 거기에 아기를 얼마나 오랜 시간 안아 주었는지 기록한다. 보통은 분 단위까지 기록한다. 이렇게 시간까지 일일이 기록으로 남기는 것은 그 중요성을 다시 한 번 강조하는 셈이다.

물론, 부모도 잠은 자야 한다. 캥거루 마더 케어를 하루 종일 하려면 적절한 휴식이 필요하다. 이 케어를 하는 동안 부모가 밤에 교대를 하면 심신이 한층 편안해질 것이다. 또 이렇게 하면 가족이 하나 되는 유대감을 맛볼 수 있으며, 아기도 빨리 정상적으로 안정될 수 있다. 부모는 이렇게 아기를 돌보면서 내 아기에게 무엇이 최선인지를 깨닫는다. 아기를 보호하면서 어떻게 잘 길러야 할지를 생각하게 되는 것이다. 캥거루 마더 케어를 하면서 부모는 이렇게 영아 양육 전문가가 되어 간다.

가족을 떼어 놓는 것은 부모에게는 고통이고, 아기에게는 상실과 박탈의 경험이 된다. 아기는 태어날 때부터 부모의 목소리, 언어, 냄새를 인지할 수 있게 미리 프로그램화되어 있다고 한다. 캥거루 마더 케어는 그런 아기에게 안전함을 느끼게 하며 정상적으로 성장할 수 있는 환경을 만든다. 엄마의 자궁 밖으로 나온 뒤라 해도 이 케어를 하면서 마치 자궁 안에 있었을 때와 비슷한 감각적 효과를 경험하는 것이다.

우리 같은 의료인은 이런 놀라운 효과의 캥거루 마더 케어를 장려할 수 있는 힘이 있지만, 한편으로는 이를 방해할 수도 있는 위치에 있다. 그렇기에 의료진의 역할은 중요하다. 우리는 이제 이전의 사고방식과 관례에 변화를 주어야 한다. 캥거루 마더 케어가 현대 의학의 기술을 완전히 대체하는 것은 아닐지라도 아기가 엄마와 붙어 있는 동안 가능한 의료 조치가 수행된다면 효과는 배가 될 것이다. 캥거루 마더 케어와 첨단 의학 사이에 대립은 없다고 보는 게 맞겠다. 이 둘은 대립 관계가 아니라 완벽하게 상호 보완적인 관계다.

Part
2

맨살의 기적

Chapter 1

기적을 경험한 케이트

♥ ♥

케이트 오그와 데이빗 오그 부부는 3년 동안이나 임신을 위해 노력했지만
결국 체외 수정을 해야 했다. 그렇게 27주 만에 쌍둥이 남매가 태어났다.
쌍둥이를 얻은 기쁨도 잠시, 남자 아기인 제이미에게 여러 차례 기관 튜브 삽입을 시도했지만 실패했다.
더 이상 가망이 없다는 의사의 말에 케이트는 제이미를 안고 마지막 인사를 하려 했다.
그런데 갑자기, 제이미가 아직은 작별 인사를 할 때가 아니라는 걸 알려오기 시작했다.

죽다 살아난 아기, 전 세계가 놀라다

우리 아들 제이미가 태어나자마자 의사
들이 기관 튜브 삽입을 20분 정도 시도했지만 성공하지 못했다. 의사는
제이미의 심장 기능이 약했기 때문에 튜브 삽입을 시도하는 동안 폐와
기관에 구멍을 뚫었어야 했는데 잘 안 됐다고 말했다. 모두 더 이상 희
망은 없다고 생각했다. 아기는 살아날 기미를 보이지 않았다. 제이미는
축 늘어져 창백한 상태였고, 아이의 아프가 점수는 10점 만점 중 겨우
1점이었다. 내가 아이를 받아 안았을 때 아이는 900g밖에 되지 않았다.
하지만 심장은 아직 뛰고 있었다.

의사는 아기에게 작별 인사를 하는 편이 나을 거라고 했다. 나는 본능
적으로 제이미를 내 가슴에 맨살로 안았다. 아기가 떠나기 전에 우리가

그 아이를 얼마나 원했는지, 또 얼마나 사랑했는지를 알려 주고 싶었던 것이다. 데이빗 역시 셔츠를 벗고 내 옆에 누워 제이미와 살을 맞댔다. 그렇게 해서라도 제이미를 좀 더 알고 싶었다. 그렇게 두 시간 동안 아기를 안아 주면서 이렇게 속삭였다.

"네게는 에밀리라는 쌍둥이 여동생이 있단다."

그런데 그때, 놀라운 일이 일어났다. 우리 부부는 제이미가 죽는다는 사실을 서서히 받아들이는 중이었는데, 아기가 숨을 헐떡이기 시작한 것이다. 더군다나 그 헐떡임이 점점 잦아졌고 급기야 우리가 의사에게 와서 좀 봐달라고 부탁했다. 하지만 의사는 오지 않았다. 대신에 간호사를 보내 그것은 단순한 반사작용에 지나지 않는다고 전할 뿐이었다. 하지만 내가 손가락에 모유를 묻혀 갖다 대자 놀랍게도 아기가 젖을 받아먹는 것이었다. 그러더니 갑자기 정상적으로 숨을 쉬기 시작했고, 내 손가락을 잡더니 눈을 떴다. 흥분을 주체하지 못한 데이빗과 나는 어린 아이마냥 활짝 웃으며 서로를 보았다.

"이러다가 살아나겠는걸?"

우리는 죽었다고 진단 받은 아이를 다시 봐달라고 요청했다. 마침내 의사가 왔다.

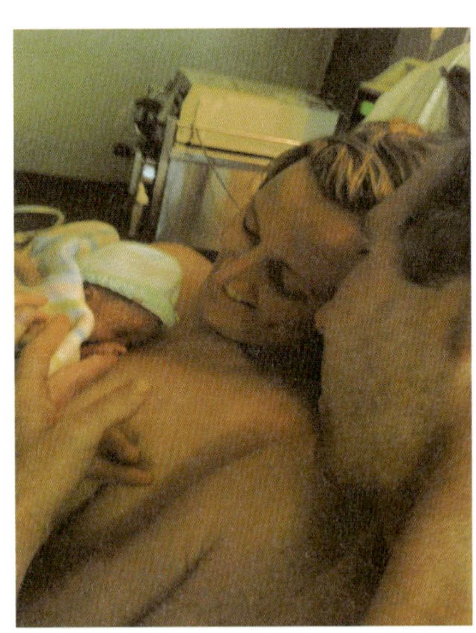

♥ 분만실에서의 케이트, 데이빗, 제이미

우리 부부는 그에게 아기가 숨을 쉬고 있으며, 이제는 화색이 돌고 따뜻하다는 걸 알리려 했다. 하지만 의사는 들으려고조차 하지 않았다. 내가 살짝 짜낸 모유를 손가락에 묻혀 아기에 주자 빨아 먹었다는 얘기를 꺼내자 "그게 무슨 말씀이시죠?"라고 되물으며 고개를 절레절레 흔드는 것이었다. 의사는 말도 안 되는 일이라면서 그제야 아기를 다시 진찰하기 시작했다. 아기는 내가 자기를 가슴에서 들어 올리려 하자 깜짝 놀라는 듯했다. 너무 추워서 울고 싶었던 모양이다.

아기는 너무나도 작고 연약했다. 모자와 탯줄에 묶어 놓은 줄 외에는 걸친 것도 없었다. 아기의 목구멍은 반복된 기도 튜브 삽입 시도로 인한 충격이 컸는지 울기 시작하자 고작 조그만 고양이 울음소리 같은 쉰 소리만 나올뿐이었다. 의사는 이런 아기의 반응을 보더니 아기를 들어 데이빗이 누워 있었던 침대 위에 올려 놓았다.

의사는 간호사에게 "청진기 좀 가져와요"라고 말하고는 아기의 심장 소리를 들어 보았다. 그러고 나서 청진기를 여기저기 대보더니 고개를 계속 내저으며 말했다.

"믿을 수가 없군. 믿을 수 없는 일이야!"

의사는 뒷짐을 진 채 청진기를 간호사에게 건네 주며 말했다.

"직접 들어 봐요. 믿을 수 없을걸!"

간호사가 청진기를 들어 제이미의 심장 소리를 들었다. 그때 그녀의 표정을 절대 잊지 못할 것이다. 얼마나 놀랐는지 입을 못 다무는 것이었다. 간호사는 이내 청진기를 내던지고 신생아실의 아기 침대를 하나 가져와서는 제이미를 급히 눕혔다. 그리고는 우리 부부에게 아무 말도 하지 않고 제이미를 침대 째 끌고 나가버렸다. 그때 우리 엄마와 언니가 병원 복도에 있었는데, 의사와 간호사가 침대에 누운 제이미를 황급히 데리고 나가는 걸 보고, 그 애를 곧 신생아 영안실로 보내려는 줄만 알았다고 한다.

우리 부부가 제이미를 안아 주고 있던 두 시간 동안 우리 엄마와 언니는 지인에게 다 전화를 돌렸었다. 우리 부부가 쌍둥이를 낳았다는 소식을 전하고 "이름은 제이미와 에밀리로 지었지만 제이미는 죽고 말았어"라고 했다는 것이다. 나중에 두 사람이 우리가 있던 방에 들어와서는 제이미한테 작별 인사도 못 해서 어떻게 하냐고 푸념했다. 우리는 기쁜 얼굴로 작별 인사는 이제 필요 없다고 말했다. 제이미는 살아있었으니까!

곧 간호사들이 방에 들어오더니 나를 씻겼다. 자궁을 만져 보고는 남아있는 태반 찌꺼기를 떼어냈다. 그러고 나서 남편이 나를 휠체어에 태워 신생아 집중치료실로 데려갔다. 그제야 나는 제이미의 또 다른 쌍둥이인 에밀리를 처음으로 볼 수가 있었다. 에밀리는 이미 숨 쉴 수 있도록 튜브가 삽입된 채 자고 있었고, 탯줄은 이미 처리된 상태였다.

의료진은 제이미에게 튜브를 삽입하는 대신에 '지속적 기도 내 양압호흡CPAP법'을 시도하기로 했다. 제이미가 이것에 금방 적응했기 때문에 그 다음 날까지는 다른 무리한 것은 시도하지 않기로 했다. 아마 제이미가 얼마 못 살 거라고 판단했던 모양이다. 그날 저녁에 신생아 전문의 한 분이 상태를 점검한 후에야 제이미에게 숨쉬는 튜브를 삽입할 수 있었다. 그렇게 10주를 더 신생아 집중치료실에서 보내고 나서 다른 병원으로 옮기게 되었다.

쌍둥이와 함께 캥거루 마더 케어를!

우리 쌍둥이는 임신 27주째에 태어났다. 출산 직후 직접적인 피부 접촉이 허락되지 않았기에 나는 갓 태어난 에밀리를 볼 수도 없었다. 제이미의 경우는 특별히 작별 인사를 위해 내 품에 안긴 것이었다. 정말 다행이었다. 제이미는 체온이 너무 낮아 죽기 직전이었고, 내가 체온을 나눠 주지 않았다면 담요 안에서 그대로 삶을 마감했을 테니까.

이 일이 있고 나서 의료진은 쌍둥이가 신생아 집중치료실에 머무르는 동안 캥거루 마더 케어를 적극 찬성했다. 그리고는 여기저기서 부모들에게 이 케어에 대한 참가 동의서를 받아와서는 오랜 시간 기대앉을 수 있는 의자까지 준비해 주었다. 편하게 병원 가운을 벗고 가슴에 아기를 누일 수 있도록 몸을 가릴 수 있는 간이 칸막이도 몇 개 마련되었다. 간호사에 따라서는 아기에게 젖을 먹이는 동안에도 캥거루 마더 케어를 할 수 있도록 허락해 주기도 했다. 그렇게 엉덩이가 얼얼해질 때까지, 화장실에 가고 싶어 참을 수 없을 때까지 아기를 가슴에 안은 채 4시간이고 5시간이고 계속 앉아 있는 것이다. 집에 돌아갈 때는 아기를 다시 인큐베이터에 넣기만 하면 된다.

아기가 안정되기 시작하면 아기를 볼 때마다 언제든지 캥거루 마더 케어를 해 줄 수 있다. 에밀리는 생후 6일째 되는 시점에서, 제이미는 9일째에 이 케어를 시작했다.

의료진은 대체로 아기가 인큐베이터에서 나오자마자 그대로 철퍼덕 넘어지지 않을 거라고 확신하기 전에는 안아 올리는 것을 결코 허락하지 않았다. 이것은 아이러니한 일이다. 왜냐하면 실제로 아기를 안정시킨 것은 바로 엄마인 나였기 때문이다.

내가 가정 분만을 했다면, 혹은 다시 병원에서 아기를 낳을 때로 돌아 간다면 좀 더 일찍 캥거루 마더 케어를 시작하겠다고 고집할 것이다.

의료진은 네 시간마다 아기 기저귀를 갈아 줄 때, 다른 자세로 바꿔 눕힐 때 이외에는 하루에 네 번 이상 아기를 만지지 못하게 했다. 그들은 그 모든 게 아기를 안정시키기 위한 것이라고 말한다. 하지만 실제로 가 습기도 없는 제삼세계에서 캥거루 마더 케어를 받은 아기들은 안정된 상 태로 잘만 자란다.

어떤 날은 에밀리나 제이미를 전혀 만질 수 없었다. 아기의 상태가 안 좋거나 의료진이 이미 계획했던 의료 절차를 끝마친 날이면 간호사는

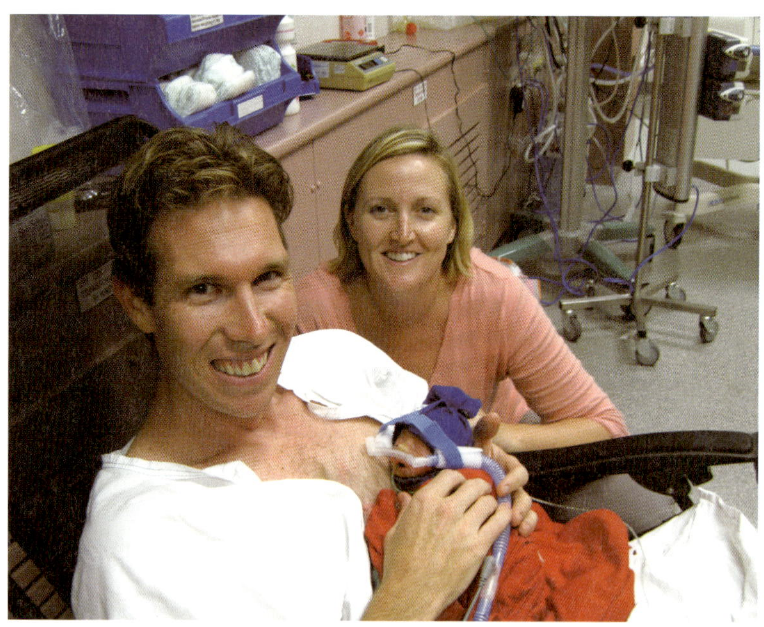

♥ 제이미 생후 9일째, 아빠와 첫 캥거루 마더 케어를 하다

이렇게 말하곤 했다.

"오늘은 안됐네요. 인큐베이터에 있는 아이를 보고 계시던지 집으로 돌아가세요."

데이빗과 내가 하루도 빼놓지 않고 신생아 집중치료실를 찾는다는 것을 뻔히 알고 있으면서 말이다. 그래서 그들의 태도에 더욱 화가 났다. 그런 날이면 우리는 아쉬운 마음에 그저 그 주변을 서성거리곤 했다. 때로는 그곳에서 밤을 지새우기도 했다.

병원에는 상태가 많이 안 좋은 아기를 위한 병실이 하나 있었는데 가끔 그곳이 비어서 사용할 수가 있었다. 그 안에서 우리는 새벽 1시부터 5시까지 아기들을 돌볼 수 있었다. 내가 입원해 있었던 병실의 바로 건너편에 있는 방이었기 때문에 언제든 침대에서 뛰쳐나와 손과 팔꿈치를 씻은 후 그곳에서 아기들을 안아 주곤 했다. 쌍둥이가 신생아 집중치료실에 머물렀던 10주 동안 우리는 대여섯 번 밤을 샜고, 하루에 14시간에서 18시간 동안 아이들과 함께 있었다.

쌍둥이는 그런 우리의 노력에 반응했다. 어느 정도 시간이 지나자 우리가 누군지 알아보는 것 같았다. 우리가 안아 줄 때면 아기들의 산소포화는 매우 높아졌다. 우리 목소리도 알아듣는 듯했다. 이렇게 사랑스러운 아기들을 인큐베이터에 다시 넣어야 할 때마다 착잡한 심정을 감출 수가 없었다.

우리 쌍둥이는 태어난 지 7, 8주가 지나서야 서로를 만날 수 있었다. 그전까지는 함께 있지 못했던 두 아기를 맨몸으로 한꺼번에 안아 주었다. 그때의 기분은 정말이지 말로 설명할 수 없다.

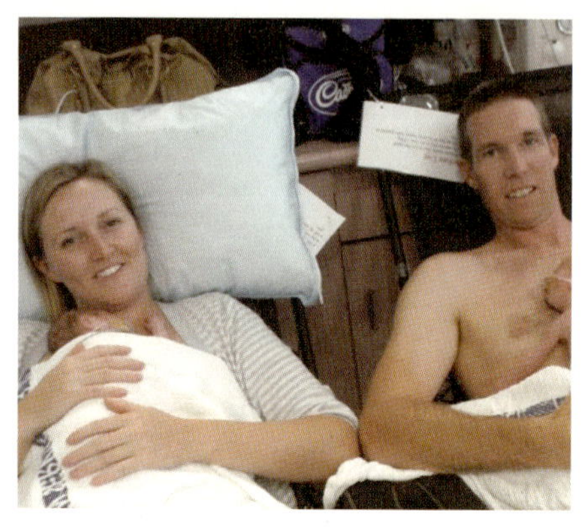

아기들이 태어난 후 의료진은 혹시라도 아기들에게 어떤 문제가 있는 것은 아닌지 걱정하며 검사를 계속했지만, 나무랄 데 없이 건강했다. 우리는 아기들이 정말 괜찮은지 더 확인하기 위해 여러 물리치료사에게 진찰을 부탁했다. 그 시점에 쌍둥이는 태어난 병원에서 4개월 차 성장발달 검사도 했다. 또 수많은 미숙아 전문 물리치료사도 아기들을 보러 왔다. 나는 일부러 그들이 진찰을 마칠 때까지 우리가 받았던 다른 물리치료사의 진단서를 보여 주지 않았다. 그리고 내가 "뭐가 좀 발견됐나요?"라고 묻자 그들은 "아뇨"라고 대답했다. 그제야 나는 "역시 그렇죠! 그럼 여기 이걸 좀 보세요" 하면서 이전의 진단서를 보여 주었다. 다른 모든 진단서에도 에밀리와 제이미가 성장발달면에서 제 나이 기준에 부합된다고 진술하고 있었다.

쌍둥이는 엄마에게만 반응했다

나는 임신을 했다는 사실을 안 순간부터 인터넷에서 온갖 종류의 기사를 다 찾아 읽기 시작했다. 혼자 조사를 하며 많은 기사를 읽었지만 정작 중요한 정보는 소개하지 않고 있었다. 그래서 나는 쌍둥이가 태어나고 나서야 미숙아 양육에 대한 자료를 찾아보며 어떻게 해야 할지 궁리하기 시작했다. 다른 부모의 이야기에서 무언가 얻을 수 있으리라 기대했지만, 온라인의 이야기는 별로 도움이 될 만한 게 없었다.

병원에서조차 미숙아를 낳았을 때 어떻게 대처해야 하는지 잘 가르쳐 주지 않는다. 퇴원하여 집으로 돌아온 후에는 특히나 모든 것이 부모에 달려 있다. 사실 알고 싶은 것은 '어떻게 하면 아기의 기분을 좀 더 나아지게 할 수 있는지'겠지만, 이런 것을 병원에서 말해 주진 않는다. 또한 캥거루 마더 케어의 장점과 중요성에 대해서도 언급하지 않는다.

신생아 집중치료실 생활 막바지에 접어들었을 때 한 간호사가 우리에게 말했다. 에밀리와 제이미가 열 달을 채운다고 해서 퇴원해 집에 갈 수 있을 것이라는 기대는 하지 말라고. 그 간호사는 에밀리와 제이미가 너무 일찍 태어났기 때문에 더 오랜 시간 입원해 있어야 할 것이라고 했다. 그러니 우리 아기들은 38주째에 퇴원하고 집으로 돌아왔다. 그제야 간호사들도 아기들이 그렇게 건강할 수 있었던 것이 지속적 캥거루 마더 케어의 덕분임을 믿기 시작했다.

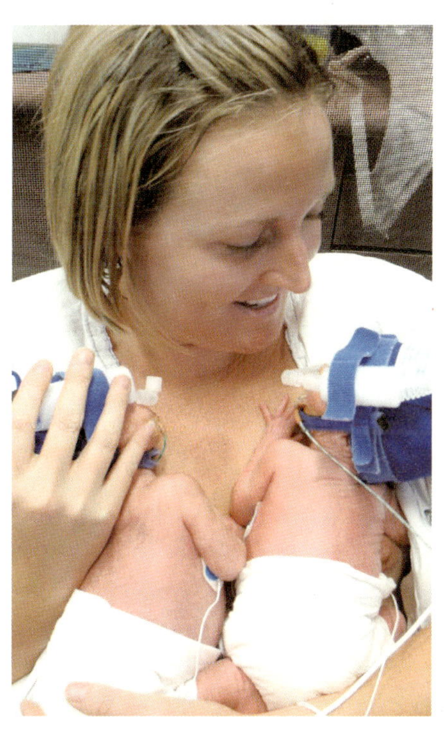

♥ 처음으로 두 아이를 캥거루 마더 케어 자세로 안았을 때.
에밀리와 제이미의 만남

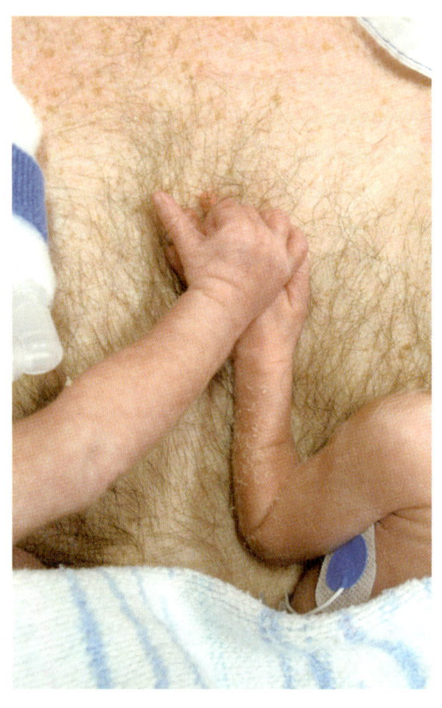

그때는 데이빗이 아직 일자리를 구하지 못한 상태였기 때문에 매일 함께 병원에 있었는데, 그게 정말 다행스러운 일이었다. 부부 모두 두 아기들에게 캥거루 마더 케어를 해 줄 수 있었으니까.

신생아 집중치료실에는 많은 아기가 있었지만 우리가 정기적으로 마주쳤던 부부는 두 쌍 정도밖에 없었다. 다른 부모들은 토요일이나 일요일 밤에만 오곤 했다. 따라서 대부분의 아기는 인큐베이터에서 철저히 혼자였다. 나는 왜 그래야만 하는 건지 이해할 수가 없었다.

'아기를 자주 안아 주지 않으면 어떤 영향을 받는지 다들 모르는 모양이구나…….'

부모가 이런 사실에 대해서 몰랐던 것은 출산 준비를 하면서 캥거루 마더 케어에 대해 들어보지 못했기 때문일 것이다.

부모가 아기를 제대로 만져 주거나 안아 주지 않으면 아기들은 질병에 걸리기 쉽고, 행동 장애가 나타날 수도 있다. 심지어 정상적인 발달에 어려움을 겪을 수도 있다. 그렇기 때문에 캥거루 마더 케어는 아기를 기르는 데 있어 매우 중요하다.

알다시피 간호사는 할 일이 너무 많다. 부모를 대신하여 아기에게 캥거루 마더 케어를 해 줄 수가 없다. 삶과 죽음 사이를 넘나들던 위기의 순간, 꼭 1:1로 돌봐 주어야 하는 상황이 지나가고 나면 간호사 한 명이 네 명 이상의 신생아 집중치료실 아기들을 돌보아야 하는 것이다. 하지만 사실상 간호사가 하는 일은 부모도 충분히 할 수 있는 것이다.

부모는 병원으로부터 정보를 거의 얻지 못할 수도 있다. 물론 내가 출산 예정일보다 훨씬 더 일찍 진통을 시작하긴 했지만, 아기를 낳는 데 미리 알아둬야 할 정보를 들은 기억이 없다. 2주에 한 번씩 의사를 찾았지만 그저 체중을 재고 검진을 하고 나면 그걸로 끝이었다. 내가 선택해서 들을 수 있는 어떤 강좌도 준비되어 있지 않았다.

따라서 나는 캥거루 마더 케어에 대해 더 많은 정보가 마련되어야 한다고 생각한다. 말했듯이 이 케어는 엄마와 아기 간의 유대감을 촉진시켜 주는데, 그건 나한테 꼭 필요한 것이었다. 아기를 조산하게 되면 정상적으로 출산했을 때 보다 분비되는 여러 가지 호르몬이 부족하기 때문이다. 그래서인지 처음에 나는 쌍둥이가 내 자식이라는 느낌조차 들지 않은 것 같다.

하지만 매일 아기들을 안아 주자 쌍둥이가 내 아이라는 느낌을 되찾는 데 정말 많은 도움이 되었다. 쌍둥이는 간호사에게는 반응을 보이지 않고 내게만 반응했던 것이다.

내가 캥거루 마더 케어에 대해 처음 알게 된 것은 『산파: 출산, 기쁨, 고통의 기억The Midwife: A Memoir of Birth, Joy, and Hard Times』이라는 책을 통해서

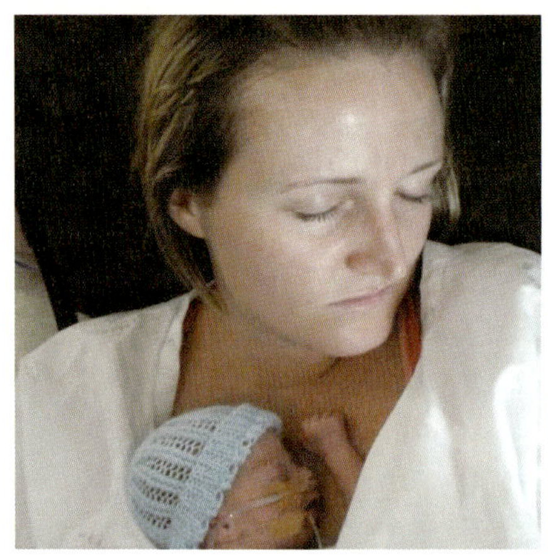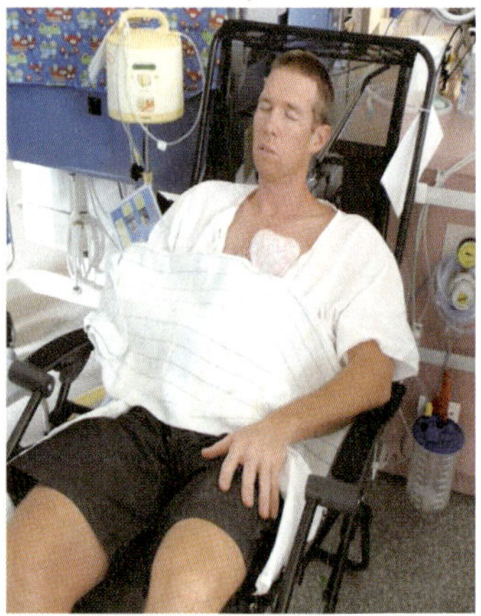

였다. 이 책은 1800년대 런던의 빈민가를 배경으로 하여 14살 무렵에 첫 아이를 낳은 뒤 총 16명의 아이를 낳은 여자의 이야기를 담고 있다. 그녀는 마지막 출산을 할 때 26주째에 아기를 조산하게 되었고 사람들은 아빠에게 아기를 영안실로 보내는 것이 좋겠다고 말했다. 하지만 그 엄마는 아무도 아기 근처에 오지 못하도록 막았다. 그리고 아기를 자신의 가슴에 눕히고는 따뜻하게 감싸 주었다. 아기가 마시는 유일한 공기는 엄마가 내쉬는 공기였기 때문에 아기는 촉촉하고 따뜻한 기운에 둘러싸여 호흡할 수 있었다. 또한 엄마는 안약을 넣는 통을 이용해서 아기에게 모유를 먹였다. 그랬더니 기적처럼 아기가 살아난 것이다! 비록 형제들 중 가장 작기는 했지만 아기는 건강하게 성장했고 정상적으로 발육했다.

의사가 제이미를 내게 안겨 주었을 때, 나는 순간 본능적으로 그 책 속의 이야기가 떠올랐다. 이제 데이빗과 나는 캥거루 마더 케어가 제이미의 생명을 구했다는 사실을 확신하고 있다.

중요한 것은 긍정적인 기운, 따뜻함, 사랑

만약 당신이 아기를 낳았는데 집으로 데려오지도 못하고 정해진 시간 동안 의료진의 관리 하에 겨우 만져 볼 수만 있다고 생각해 보라. 그래서 그 기회를 얻고자 하루 종일 기다렸는데 그렇게 할 수 없다는 말을 들었다면? 이건 당신이 가진 부모로서의 권리를 거부당한 것과 다름없는 일이다. 가슴이 찢어질 듯 아픈 일이다.

몇몇 젊은 의료진은 아기를 돌보는 일에 부모의 참여는 불필요하므로 캥거루 마더 케어를 권장할 필요가 없다고 생각하는 듯했다. 마치 '아기를 안는 것은 좋은 일이지만, 꼭 필요한 일은 아니다'라고 여기는 것 같다. 그러나 내 경험상 캥거루 마더 케어는 꼭 필요하다. 내 아기가 자신은 버려진 게 아니며 매일 사랑의 손길로 어루만져 줄 한결같은 존재가 곁에 있음을 아는 것이 중요하다.

여기서 잊지 말아야 할 것은 이 케어가 미숙아뿐만 아니라 열 달을 채우고 태어난 정상아에게도 필요하다는 것이다. 당신의 아기가 반드시 미숙아이거나 많이 아파야만 캥거루 마더 케어를 해 주어야 하는 것은 아니다. 태어난 아기의 상태가 어떠하든 부모에게서 아기에게로 전해지는 긍정적인 기운과 따뜻함, 사랑이 중요한 것이다. 이런 것이 아기에게 신체적·정신적으로 얼마나 큰 도움이 되는지는 두말할 필요가 없다.

몇 년 전 고아들의 성장에 관한 다큐멘터리를 본 적이 있다. 그 영상은 부모로부터 사랑을 받지 못한 것이 얼마나 그 아이들의 신체적 발달에 악영향을 미쳤는지를 적나라하게 보여 주고 있었다. 아기에게 사랑을 주는 게 얼마나 많은 차이를 만드는지, 그게 얼마나 중요한지를 깨달는다면, 기회가 닿을 때마다 캥거루 마더 케어를 해 줘야 한다. 많이 안아 준 아기는 건강하게 자라기 때문이다.

몇 달 전, 안타깝게도 어느 30대 초반의 부부가 자동차 사고로 사망한 일이 있었다. 그들에게는 미숙아인 여자 아기가 한 명 있었는데, 사고 발생 후 3일 뒤 아기 역시 죽고 말았다. 나는 그 3일 동안 누군가가 아기를 안아 줄 수 있었다면 어땠을까 하고 늘 생각한다. 병원 규정상 미숙아를 만질 수 있는 이는 부모뿐이고 간호사도 아기를 안을 수는 없기 때문이다.

내 아이들 역시 퇴원할 때까지 오직 데이빗과 나만이 만질 수 있었다. 하지만 나는 엄마가 된 입장으로서 다른 사람이 미숙아를 만지는 걸 딱히 반대하지 않는다. 신생아 집중치료실에서 간호사가 내 아기들을 돌보는 동안 할 일이 없어 시간이 많이 남았었다. 만약 포옹을 필요로 하는 아기가 있었다면 그 시간 동안 기꺼이 안아 줄 수 있었을 텐데. 신생아 집중치료실에서는 모두 32명의 아기들을 수용할 수 있었는데 아기를 안아 주도록 허락된 자원 봉사자는 단 한 명뿐이었다.

아기를 안아 주는 자원 봉사자도 더 많았으면 좋겠다. 내가 있었던 신생아 집중치료실에 단 한 명밖에 없었다는 게 안타깝다. 내가 좀 더 나이 들어 쌍둥이도 다 크고 나면 꼭 그런 봉사자가 되고 싶다.

또 신생아 집중치료실 전체를 통틀어 주변을 가릴 수 있는 이동식 칸막이는 단 세 개뿐이었다. 그래서 우리는 대부분의 시간 동안 사람들이 왔다 갔다 하는 복잡한 상황 속에 있었다. 더군다나 신생아 집중치료실 내부에는 언제나 굉장히 밝은 조명이 켜져 있었다. 또한 소음 수준을 체크하고 있던 전자 소리 감지기에서는 위험을 뜻하는 빨간불이 항상 들어와 있었다. 난 아기에게 사랑을 줄 수 있는 좀 더 편안한 환경을 찾고 싶었는데 그건 뜻대로 되지 않았다. 환경이 불편할수록 캥거루 마더 케어를 오래 해 주는 것은 어려웠다.

만약 방이 따로 마련되어 있어서 이동식 모니터를 가지고 아기를 데리고 들어갈 수 있다면 좋았을 것이다. 신생아 집중치료실에서 아기는 벽에 고정된 모니터의 여러 선으로 연결되어 있기 때문에 움직이는 것조차 어려울 때도 있다. 아기의 몸 여기저기에 온갖 종류의 센서들과 전선이 달려 있었기 때문에 쌍둥이를 인큐베이터에서 꺼내어 맨살에 닿게 한다는 것이 때로는 엄청나게 불편했다. 게다가 의료진과 다른 부모가 들락날락하는 와중에 가슴을 풀어 헤친 채로 아기를 몸에 올려놓는 것도 좀 꺼림칙했다.

무엇보다 부모는 캥거루 마더 케어를 할 수 있는 더 많은 기회를 확보하는 것이 중요하다. 내가 있던 병원의 신생아 집중치료실에서는 직원이 모자라서 하루에 단 4시간 동안만 아기를 안을 수 있도록 허용해 주었다. 그 시간에만 산호사가 엄마를 도와줄 수 있기 때문이었디. 운 좋은 날에는 오랫동안 아기를 안을 수 있었지만, 아기가 많이 불안정한 날에는 단 5분 동안 안아 보고 다시 인큐베이터에 넣어야 했다. 나는 제이미가 불안정한 날이면 내가 이 케어를 많이 해 줄 수만 있었어도 더 빨리 안정되지 않았을까 하고 생각하곤 했다.

나는 아기들을 안아 주기 위해 매일 병원에 갔었지만, 일주일에 하루쯤은 아기들 상태가 좋지 않아 안을 수가 없었다. 그러다가 또 다른 날에는 상태가 좋아져서 안을 수 있었다. 우리가 캥거루 마더 케어를 해 줄 때면 아기들은 얼굴 찡그리는 것을 멈추고 편안한 상태가 되었다.

사실 캥거루 마더 케어를 시작하고 처음 며칠 동안 에밀리와 제이미는 아무런 반응을 보이지 않았다. 그러나 3, 4주쯤 지나자 인지능력이 향상되고 여러 가지 행동을 보였다. 아기들은 곧잘 찡그리거나 웃곤 했는데, 특히 에밀리가 더 자주 그랬다.

부모들이 캥거루 마더 케어를 하지 않는 이유는 그들이 이 육아법에 대해서 모르고 있기 때문이다. 또 그 장점에 대해서도 잘 알지 못한다. 아기가 추울 때 엄마의 가슴으로 체온을 높여 따뜻하게 만들어 줄 수 있다는 사실 또한 모른다. 반대로 아기가 더울 때는 시원하게 만들어 줄 수도 있다는 것도. 모든 엄마가 가슴에 인큐베이터를 하나씩 갖고 있는

♥ 에밀리와 제이미, 2010년 11월

셈이다. 엄마의 가슴은 원래 그렇게 설계된 것이니 아이를 가슴으로 안아 주는 것은 당연한 것이다.

나는 우리 부부가 에밀리와 제이미라는 큰 축복을 얻게 된 건 전적으로 캥거루 마더 케어 덕분이라고 믿는다. 우리는 이 육아법 덕분에 세상에서 가장 행복한 부모가 되었다.

Chapter 2

미국 버지니아 주의 위대한 엄마 에드나

♥ ♥

에드나 스캐널과 얼 스캐널은 주변 사람에게 기쁨과 영감을 주는 루크리샤의 자랑스러운 부모다.
루크리샤는 미숙아로 태어나 심하게 아팠는데, 의사들조차 아기가 살 수 있을지 의문이라고 했다.
그런데 그녀는 벌써 17살이 되었고 심신 장애인이 출전하는 특수 올림픽에도 참가하고 있다.
지금 루크리샤가 이토록 건강할 수 있는 비결이 무엇이었겠는가?

뇌성마비 장애아,
체조 선수가 되다

나는 심장병이 있다. 임신 6개월째까지
는 아무 문제가 없는 것처럼 보이더니 정말 갑자기 임신중독증이 발병
했다. 결국 1992년 4월 22일, 우리 딸 루크리샤는 여덟달 만에 태어났
다. 몸무게는 겨우 790g으로, 내 두 손 안으로 들어올 정도로 너무나 작
았다. 제왕절개를 했기 때문에 아기와 나는 한동안 병원에 있어야 했고,
8월이 되어서야 집에 돌아갈 수 있었다.

당시 캥거루 마더 케어는 새로운 개념이었다. 그 병원의 신생아 집중
치료실에는 나를 포함한 두 명의 엄마들이 이 케어를 간간이 하고 있었
을 뿐이다.

루크리샤는 한동안 많이 아파서 의사도 우리에게 희망적인 말을 건네

지 않았다. 심지어 아기가 살 수 있을지조차 모르겠다고 했다. 아기는 너무 조그만데다 열이 계속 올랐다. 얼마 있지 않아 체액도 빠져나가기 시작했다. 피부도 너무 약해서 치료가 끝난 후 아기의 몸에 상처가 생기는 일이 잦았다. 신생아에게 생길법한 문제란 문제는 모두 가진 셈이었다.

아기가 태어난 지 3주째 되던 날부터 캥거루 마더 케어를 시작했다. 그러자 놀랍게도 아기의 체중이 늘기 시작했다. 그것이 캥거루 마더 케어 때문이었다고 그 누구도 확신은 못했지만, 우리 부부는 그렇다는 걸 알고 있었다.

처음에는 겁이 나서 아기를 만지지도 못할 것 같았다. 하지만 일단 이 케어를 시작하고 나니 모든 상황이 놀랍도록 호전되기 시작했다.

하루는 루크리샤가 아침 내내 무호흡 발작을 일으켰다. 그래서 오후에는 아빠의 가슴 위에 두었더니 아무런 일도 생기지 않았다.

게다가 감사하게도 캥거루 마더 케어를 시작하자 젖이 돌기 시작하는 것이었다. 아기가 내 가슴 위에 있었는데, 어디서 꿀꺽꿀꺽하는 소리가 들려 왔다. 아기가 온통 침을 흘리며 젖을 빨기 위해 애를 쓰고 있었던 것이었다. 아기가 이렇게나 좋아지고 있다니! 말로 표현할 수 없을 만큼 기분이 좋았다.

4개월 후에야 우리는 아기의 호흡 튜브를 뺄 수 있었다. 하지만 결국 루크리샤는 뇌성마비와 발달 지연을 나타냈다. 우리는 의료진에게 아기의 뇌가 너무 작으니 많은 것을 기대하지 말라는 말을 들었다. 그런데도 아이 아빠는 "아이 대학교 보내게 적금 하나 들까?"라고 하는 것이었다. 우리는 아이가 자라는 동안에도 "넌 이거 못할 거야"라는 말은 단 한 번도 하지 않았다. 뭐든 아이가 하고자 하면 허락해 주었다.

지금도 루크리샤는 마음만 먹으면 뭐든 해내고야 만다. 돌이 되기 전까지 응급실에 한 번 갔던 것 외에 루크리샤는 다시는 병원에 입원할 필요가 없었다.

심지어 우리는 루크리사가 3~4살이 될 때까지 뇌성마비인 줄 몰랐다. 의사가 이렇게 말할 때까지 꿈에도 몰랐던 것이다.

"루크리샤는 뇌성마비가 있어요. 모르셨나요?"

나는 당황한 나머지 얼떨결에 이렇게 대답해 버렸다.

"네. 감사합니다."

신생아 집중치료실에 있는 동안 남편과 번갈아가며 캥거루 마더 케어를 했다. 우리는 거의 매일 한 시간에서 한 시간 반 정도 맨살을 맞대고 아이를 안아 주었다. 어떨 때는 루크리샤가 숨 쉬는 튜브를 잡아 빼버리기도 했다. 그때마다 의료진은 아이가 움직이지 못하도록 약을 먹여 재우자고 했지만 나는 내 딸에게 그렇게 하는 걸 절대 용납할 수 없었다.

하지만 얼마 지나지 않아 의료진도 눈치채기 시작했다. 내가 캥거루 마더 케어를 해 주는 동안 아기의 혈액 검사를 하면 아기가 소스라치게 놀라는 일이 없다는 사실을 말이다. 이 케어가 그런 식으로 아기는 물론이고 의료진에게도 도움이 되었으므로 우리는 케어를 더 열심히 하게 되었다.

나는 주로 안락한 소파에 아기를 데리고 앉아 책을 읽거나 애기를 했다. 그렇게 루크리샤는 내 가슴 위에서 많은 시간을 보냈다. 재미있는 것은 퇴원하여 집에 돌아온 후에도 우리 딸은 혼자 바닥에 내려지는 걸 싫어했다는 점이다.

의료진이 처음 캥거루 마더 케어에 대해 언급했을 때만 해도 나는 "그래요? 그게 뭔데요?" 하는 정도의 반응이었다. 당시 캥거루 마더 케어는 일반적으로 권해지는 요법은 아니었는데, 남편과 내가 아픈 아기를 안정되게 다루는 걸 본 의료진이 이를 추천한 것이다.

솔직히 처음에는 그다지 큰 기대를 걸지 않았다. 그런데 그 효과는 내 예상을 뛰어넘는 것이었다. 아이는 훨씬 더 침착해져서 의료진은 더 이상 아이가 숨 쉬는 튜브를 잡아당길 것을 별로 걱정하지 않아도 되었다. 우리 부부는 비교적 아기를 만지는 걸 무서워하는 편이 아니었던 것이다. 이런 태도는 이 케어를 하는 데 정말 중요한 것이다. 어쨌든 이 케어를 하면서 아기는 우리와 더욱 가까워졌다. 나는 딸아이가 세 살이 되도록 종종 '캥거루 자세'로 안아 주곤 했고, 이 친밀한 경험 덕분에 아기와 아주 강한 유대감을 키울 수 있었다.

게다가 캥거루 마더 케어를 시작한 이후로 루크리샤는 다른 사람들에게도 더 많이 반응하기 시작했다. 이 케어를 해 준 사람은 남편과 나 둘뿐이었지만, 가족 전체와 친근하게 지내게 된 것이다. 아기가 누가 누군지 더 잘 알아보게 되었기에 우리 가족은 아기에게 더 자주 말을 걸어 주었다. 루크리샤는 똘망한 두 눈으로 주변의 여러 가지 물건을 찬찬히 둘러보며, 엄마와 아빠가 무엇을 하는지 자주 쳐다보았다. 인큐베이터에 있을 때는 전혀 그런 아이가 아니었다. 하지만 이 케어를 통해 엄마, 아빠, 이모, 간호사, 심지어 손님과도 더 잘 교감할 수 있게 되었다.

하는 것과 하지 않는 것은 하늘과 땅 차이

내가 캥거루 마더 케어를 시작할 때만 해도 그것은 적극적으로 권장되는 육아법이 아니었다. 앞에서도 말했듯이 정기적으로 이 케어를 하는 가족은 그 병원 전체에서 우리를 포함하여 단 둘 뿐이었다. 하지만 간호사들은 이 케어에 전적으로 협조해 주었고 의사들도 인정해 주었다.

그래서 나중에 내 조카가 태어나자 조카에게도 이 케어를 해 주어야 겠다는 생각이 절로 들었다. 조카 아이 역시 미숙아였는데, 내 여동생은 내가 겪은 일을 생생히 기억하고 있었다. 더군다나 동생이 출산할 때쯤에는 캥거루 마더 케어는 이미 보편적인 육아법이 되었으므로 우리 때보다 훨씬 하기 쉬웠다.

부모가 아기와 맨살을 맞대고 캥거루 마더 케어를 하는 것은 하지 않는 것과는 정말 하늘과 땅 차이다. 부모가 아기를 전혀 만져 주지 않는다는 건 생각만 해도 끔찍하다. 아기를 키우면서 생각할 수 있는 최악의 시나리오가 아닐까.

맨살을 맞대고 안아 주기만 한다면 아기는 버둥거리거나 보챌 이유가 없다. 나아가 아기는 부모와 서로 교감하게 된다. 아기를 안고 있을 때는 우리 부부가 아기에 매우 바람직한 일을 해 주고 있다는 것을 알 수 있었다. 더 이상 그저 앉아서 아무것도 못해 주는 무력한 부모가 아니었던 것이다.

진작부터 아기에게 뭐가 필요한지, 내가 아기에게 뭘 해 줄 수 있는지를 알았으면 좋았을 걸 그랬다. 나는 35살이 된 지 한 달 만에 아기를 가졌는데, 그 이후로 내 건강이 내리막길로 치달았다. 그래서 아기가 뱃속에 있는 동안 필요한 영양을 제대로 얻지 못했다. 게다가 그때 나는 임신 중에 걸어 다니는 게 우리 아기의 상태에는 별로 좋은 일이 아니라는 사실을 몰랐다.

캥거루 마더 케어는 힘든 육아법이 아니다. 더군다나 장점이 셀 수도 없이 많다. 사람들이 이 육아법을 생각해내는 데 그렇게 오랜 시간이 걸렸다는 게 믿을 수 없을 정도다.

그 효과의 살아있는 증거가 우리 딸 루크리샤다. 우리 딸은 지금 자기가 할 수 있는 한 뭐든지 최선을 다하고 있다. 시작은 썩 좋지 않았지만 아이는 극복해냈다. 캥거루 마더 케어는 우리 가족에게 정말 긍정적인 경험이었으며, 그 효과는 성공적이었다.

장애도 극복하게 만든 캥거루 마더 케어

루크리샤는 이제 17살이고, 맬든 고교 페이스Malden High's Pace 프로그램의 학생이다. 이 프로그램은 어느 정도 나이가 든 특수 학생들이 독립적인 생활을 할 수 있도록 준비시키는 프로그램이다.

루크리샤는 6살 때부터 체조를 배우기 시작했고, 맬든 고교에서 청소년 프로그램을 지도하는 아빠와 함께 훈련하고 있다. 딸이 체조팀에 들어간 지 어느새 3년이 지났다. 이제 아이는 마루와 도마 운동, 평균대 종목에 참여한다. 물론 루크리샤는 경쟁을 목적으로 운동을 하지는 않는다. 그저 하나의 과제를 성공할 때마다 웃으며 심판에게 손을 흔들어 준다. 아이의 그런 모습이 팀 전체의 분위기를 얼마나 따뜻하게 만드는지 모른다. 게다가 아이는 달리기와 수영도 하고 있으며 마침내 특수 올림

픽에 출전하게 되었다.

루크리샤가 체조팀에 합류하기 전에 남편이 다른 코치에게 루크리샤의 특기와 수준에 대해 의논했다. 아이는 바로 합류할 수 있다고 했다. 아이는 "난 친구들과 있는 게 정말 좋아"라고 늘 이야기한다. 운동 중에는 마루 운동을 가장 좋아한다. 이제는 다른 팀도 루크리샤를 인정하고 있다. 루크리샤는 아이들을 정말 좋아한다. 어른이 되면 보조교사가 되어 특수 교육이 필요한 아이들과 함께 일하는 것이 아이의 꿈이다.

Chapter 3

스코틀랜드의 화학자 캐롤린

♥♥

캐롤린 이스비스터는 두 번의 출산과 세 번의 유산을 겪은 끝에 셋째 아이를 임신했다.
셋째는 24주째에 570g의 체중으로 태어났다. 의사들은 심장 박동이 불규칙하고
호흡의 기미가 거의 없는 아이를 보며 조용히 고개만 내 저었다.
그런데 캐롤린이 작별 인사를 하기 위해 아기를 품에 안자 신기한 일이 벌어졌다!
아기가 반갑다고 인사라도 하듯 울어대기 시작한 것이다.

내 아기를 구한 일등공신,
캥거루 마더 케어

 두 명의 아이를 얻었다. 큰아들 사무엘은 10살이고, 둘째 커스튼은 8살이다.

지금 남편 데이빗은 내가 임신을 하자 좋아서 어쩔 줄을 몰랐다. 나도 정말로 기뻤다. 세 빈이나 유산을 했던 니었지만 이번 임신은 아주 희망적이었다. 임신 20주 만에 검진을 했고, 의사는 딸이라고 말해 주었다. 우리는 아이의 이름을 레이첼이라고 지었다.

하지만 예기치 않게 4주 후 자궁에 감염이 생겼다. 어쩔 수 없이 조기 분만을 선택해야 했다. 그런데 의사는 레이첼이 태어나자 한 번 힐끗 보더니 살 수 없겠다고 말하는 것이었다. 아기의 몸무게는 겨우 570g이었고 심장은 10초에 한 번 밖에 뛰지 않았다. 숨도 제대로 못 쉬고 있었다.

의료진은 희망이 없다고 생각했는지 아이에게 뭔가 하려고도 하지 않았다. 그저 내게 아이를 안겨 주고 작별 인사를 하라고 했다. 하늘이 무너지는 것만 같았다.

문득 '아기가 이렇게 추운 상태에서 죽도록 놔둘 순 없어'라는 생각이 들었다. 그 즉시 나는 아기를 맨살로 따뜻하게 안아 주었다. 아기의 자그마한 발이 너무 차가워서 가슴이 미어졌다. 다시는 없을 단 한 번의 포옹이라 생각하니 이 순간을 영원히 기억하고 싶었다.

그때 놀라운 일이 일어났다. 아기의 심장이 규칙적으로 뛰기 시작하더니, 곧 숨을 쉬는 것이었다! 놀라서 재빨리 의사를 불렀는데 의사가 와서 한다는 소리가 여전히 희망이 없다는 거였다. 순간 온갖 복잡한 생각이 머릿속을 질주했다. 아기가 겨우 숨을 내쉬는 걸 보자니 안쓰럽기 그지없었다. 결국 나는 병원 목사님을 불러 아기를 축복해 달라고 부탁했다. 그렇게 아기가 죽어가는 걸 보고 있을 수밖에 없었다.

아기가 조금씩 살아나고 있다는 걸 깨달은 건 시간이 좀 지난 뒤였다. 아기의 뺨에 분홍빛이 살짝 돌기 시작한 것이다. 그리고 몇 시간쯤 더 지나서자, 아기가 가느다란 소리로 울기 시작했다! 보면서도 믿을 수가 없었다. 의사도 못 믿겠다는 표정이었다. 아기의 몸은 칙칙한 회색에서 분홍빛으로 변했고, 따뜻해지기 시작했다. 담당의사는 의사 생활 27년 동안 레이첼 같은 기적은 처음 봤다고 했다. 엄마의 위대한 사랑이 아기의 생명을 되찾아 온 거라고 말했다.

간호사는 아기가 숨 쉬는 것을 도와주려고 아기를 호흡기 옆으로 옮겼다. 의료진은 아기가 정말 잘 싸우고 있다고 했다. 아무런 의료 도움도 없었는데 스스로 해낸 것이다.

아기는 네 달 동안 신생아 집중치료실에 있었는데 퇴원할 때쯤에는 정상아와 마찬가지로 약 3.6kg의 체중을 갖게 되었다. 고맙게도 식욕도 왕성했다.

의사는 레이첼이 태어날 때 겪었던 산소 부족 때문에 두뇌 손상 가능성을 걱정했다. 하지만 검사 결과 그런 흔적은 없었다. 태아일 때 혈관이 제대로 발달하지 못했기 때문에 시력을 구하기 위해 레이저 치료를 했다. 또 여섯 번이나 수혈을 받았다. 종종 아기의 심장 박동 수와 호흡이 갑자기 떨어지는 일이 있었지만 날이 갈수록 점점 더 튼튼해졌다.

5주 후에는 호흡기를 떼었고 드디어 아기에게 모유를 먹일 수 있었다. 그리고 4개월째에 집으로 돌아올 수 있었다.

기특한 내 딸은 안기는 것을 참 좋아한다. 내 가슴에 파고든 채 몇 시간이고 잔다. 나는 아기의 생명을 구한 것이 우리의 첫 포옹이었다고 굳게 믿고 있다. 내 본능을 믿고 순간적으로 아기를 맨살로 안아 준 것이 얼마나 다행인지 모른다. 그렇게 하지 않았더라면 내 아기는 지금 여기에 나와 함께 있지 못했을 테니까.

캥거루 마더 케어를 저지하는 의료진

나는 레이첼이 캥거루 마더 케어 때문에 살아났다고 확신한다. 많은 의료진이 캥거루 마더 케어를 권장하지 않고 있지만, 나는 그들이 이 케어를 적극 권장해야 한다고 생각한다. 이 육아법에 대한 정보를 분명하게 가르쳐 주어야 한다.

레이첼이 살아나고 호흡이 돌아온 후에도 나는 아기를 만질 수 없었다. 의료진이 말하길 캥거루 마더 케어를 하기에는 아기가 너무 불안정하다는 것이다. 나는 그 말을 도무지 이해할 수가 없었다. 내가 네 시간 안아 주었으니까 이렇게 살아난 건데! 정말 커다란 모순이었다.

나는 그저 인큐베이터에 있는 아기를 꺼내어 안아 주고 싶었을 뿐인데, 의료진은 늘 아기가 불안정하다면서 허락하질 않았다. 나중에 아기가 아주 심각한 상황을 벗어난 상태가 되자 하루 종일 캥거루 마더 케어를 해 줄 수 있었다.

모유 수유를 하는 것도 힘이 들었다. 신생아 집중 치료실에서 모유를 짜내려고만 하면 의료진은 나를 아기로부터 멀리 떨어진 방으로 데려갔기 때문이다. 아기가 곁에 있으면 더 쉽게 젖을 짤 수 있었을 텐데 말이다.

나와 같은 상황에 처했다고 생각해 보라. 그렇게 수도 없이 병원의 거절을 당했다. 아기에게 손길을 줄 수가 없었다. 아기의 머리를 쓰다듬을 수도 없었다. 모두 의료진이 허락하는 사항이 아니기 때문이다. 아기와의 더 많은 접촉이 필요한데, 접촉은커녕 두려움이 가득한 황폐함만 느껴졌다. 내 피붙이를 안아 줄 수 없는 것은 마치 홀로 무인도에 남겨진 듯한 기분이었다. 따라서 이 케어는 꼭 필요하며, 아기는 엄마와 늘 함께 있어야 한다는 게 내 주장이다. 이 케어를 하지 않고 아기와 유대감을 형성하기는 매우 어렵다.

아기에게 해 줄 수 있는 최선의 방법

제일 먼저 엄마가 갓난아기를 안는 것에 대한 사람들의 태도가 변화해야 한다. 엄마의 본능을 믿을 필요가 있는 것이다.

내 아기에게 가장 좋은 것이 무엇인지는 엄마가 가장 잘 안다. 의료진이 무엇을 "하세요" 혹은 "하지마세요" 하도록 둘 일이 아니다. 엄마가 거의 아홉 달 동안 아기를 품고 있었으니 뭐든지 가장 잘 알 수밖에 없다.

나는 캥거루 마더 케어가 출산 준비 교육의 일부로 도입되기를 바란다. 부모에게 이 케어에 대해 가르쳐 주고 장려해야 한다. 부모는 아기를 안정시키는 방법, 따뜻하게 해 주는 방법, 달래 주는 방법을 배워야 한다. 부모가 이런 사항을 아는 것은 필수다. 레이첼은 지금도 위로가 필요하거나 아플 때 내 가슴에 달려들곤 하는데 그러면 금방 괜찮아진다. 캥거루 마더 케어는 아마 아직 주목 받지 못한 장점이 무수할 것이다.

의사는 줄곧 레이첼에게 '이것은 못 한다, 저것은 안 된다'고 말했지만 내 딸은 지금 하나씩 해나가고 있다. 한때 레이첼이 걷지도, 말하지도 못할 거란 말을 듣기도 했다. 하지만 현재 그 모든 것을 다 하고 있다. 아니, 그 이상으로 잘 해내고 있다. 모두가 캥거루 마더 케어 덕분이다. 또한 아이는 정말 놀라울 정도로 열성적이다. 나는 이것 또한 이 케어로 함께 나눌 수 있었던 유대감 덕분이라고 생각한다.

나는 앞으로도 이 케어를 통해서 아기를 안고, 만져 주고, 달래 줄 것이다. 엄마로서 내 아기에 필요한 것과 내가 해 줄 수 있는 최선의 것이 무엇인지 아주 잘 알고 있으니까.

Chapter 4

미국의 간호 전문가 야밀

♥ ♥

재커리는 2001년 텍사스 주 휴스턴에서 태어났는데,
출산 예정일보다 12주나 먼저 태어나 체중이 906g도 되질 않았다.
하지만 순탄치 않았던 재커리의 탄생은 엄마인 야밀 잭슨이 캥거루 마더 케어를 포함한
신생아 발달 지원과 가정 중심의 간호 분야의 전문가가 될 수 있도록 영감을 불어넣어주었다.
야밀 잭슨은 2001년 이래로 미숙아 관련 교육을 실시하고, 유아를 위한 인체공학적 제품을
개발하는 등 미숙아들의 치료를 돕기 위해 노력하고 있다.

세상의 모든 아기가 케어를 받을 때까지

2001년 텍사스 휴스턴에 있을 때였다. 외동아들 재커리를 임신한 지 28주째, 갑자기 내게 심한 임신중독증이 발병했다. 내 목숨이 위급했기 때문에 재커리는 906g도 안 되는 미숙아로 태어나야 했다.

그로부터 3주 후, 휴스턴에 열대성 폭풍 앨리슨이 불어 닥쳤다. 갑자기 병원이 정전되고 말았다. 의료 장비를 작동시키는 데 필요한 모든 전력도 나가버렸다. 나는 아기가 다른 곳으로 옮겨질 때까지 그야말로 맨손으로 아기를 살려야 했다. 9시간 동안이나 아기를 내 맨가슴에 안아 따뜻하게 감싸고 있었다. 나는 하느님께 이렇게 기도했다.

'재커리를 살려 주시기만 한다면 앞으로 아기들을 돕는 일에 헌신하

겠어요.'

남편 래리와 간호사들은 수동식 펌프로 아기의 연약한 폐에 호흡을
공급했다. 의사들이 여기저기 부지런히 알아보아서 신생아 집중치료실
에 있던 79명의 아기들을 모두 다른 병원으로 옮길 수 있었다.

하지만 정전 사건 때문에 우리 아기의 만성 폐질환이 악화되었다. 그
래도 아기는 여전히 잘 버텼다. 재커리는 155일 동안을 신생아 집중치료
실에서 보냈다. 그렇게 그 어린 생명의 모든 호흡, 심장 박동, 움직임이
신생아 집중치료실의 모니터에 기록되고 있었다.

이러한 우리 아기 삶의 투쟁은 호주의 피터 마이클모어Peter MIchelmore
가 리더스 다이제스트 잡지에 실었던 '정전Blackout'이라는 기사에서 다뤄
졌고, CBS 다큐멘터리 '폭풍으로부터의 치유', TNT채널의 TV용 영화
'14시간'에 방영되었다.

그렇게 매일 밤마다 아픈 아기를 홀로 놔둔다는 것은 굉장히 괴로운
일이었다. 병원에서 밤새 아이 곁에 있는 것을 허락하지 않았던 것이다.
나는 아기가 자신이 혼자라고 느끼지 않았으면 했다. 가족이 진정으로
사랑하고 있다는 사실을, 또 집으로 오기를 간절히 기다리고 있다는 사
실을 알았으면 했다.

나는 우리 아기가 태어난 직후 한 간호사에게 물었다. 미숙아가 나중
에 커서 보이는 어떤 일반적인 특징이 있냐고 말이다. 그랬더니 간호사
가 대답했다.

"대체로 누가 만지는 걸 싫어할 걸요."

나는 또 다시 물었다.

"왜요? 미숙아일 때 누가 만지면 아팠기 때문에, 그런 기억 때문에 그런 건가요?"

나는 라틴계 여성이라 그런지 그런 걸 상상조차 할 수 없었다. 라틴계 문화에서는 서로가 서로를 항상 만져 주는 데 익숙하다. 인사로 키스를 하고, 기분이 좋을 때나 나쁠 때나 포옹을 하며, 늘 같이 춤도 추고 하는데. 우리 재커리가 사람과의 접촉을 즐길 줄 모르는 삶을 살게 될 거라니! 나는 아기에게 치유의 손길이라는 게 존재함을 알려 주고 싶었다. 내 두 손이 아기의 자그마한 몸을 아프지 않게, 편안히 감싸 줄 수 있다는 것을 말이다.

그 후 나는 아기를 편안하게 해 주고, 건강히 자라게 하며, 또 치유하는 데 필요한 신생아 발달 치료의 중요성과 그 효과를 깨닫게 되었다. 신생아실 간호사들이 처음부터 내게 캥거루 마더 케어를 효과적으로 실시하는 방법을 가르쳐 준 것이다. 만약 아기를 안는 게 허락되지 않을 때는 아기의 몸 위에 두 손을 살짝 얹어 아기가 움직이지 않고 침착해지도록 달래 주는 법도 배웠다.

나는 내 아이가 엄마가 항상 가까이에 있고 자기를 사랑한다는 것을 알기를 바랐다. 그때까지만 해도 나는 아기가 자궁에서 양수를 통해 알게 된 엄마 냄새를 구분할 줄 안다는 걸 몰랐다. 그래서 엄마 냄새가 아기를 달래 줄 수 있다는 것이다.

나는 내가 아기에게 캥거루 마더 케어를 해 주지 못할 때도 아기가 늘 사랑의 손길과 따뜻함, 엄마 냄새를 느꼈으면 했다. 내 손길은 아기와 나를 하나로 이어 주고, 간호사의 손길은 필요한 모든 의료 조치를 제공

해 주었다. 그러던 중 나는 캥거루 마더 케어와 관련하여 재키The Zacy라
는 물건을 발명하기에 이르렀다.

재커리의 캥거루 마더 케어를 위해 만든 '재키'와 '캥거루 잭'

마침내 오랜 기다림 끝에 재커리가 퇴원하자, 나는 재커리 같은 미숙
아들을 돕는 데 헌신하겠다던 약속을 지키기로 마음먹었다.

내가 사명으로 삼은 것은 캥거루 마더 케어를 하지 않는 동안에도 신
생아실 간호사나 다른 가족이 아기에게 적절한 간호를 해 주는 데 유용
한 장비를 개발하는 일이었다. 그래서 나는 공학 및 인체 공학 분야에서
내가 배웠던 모든 것을 쏟아붓게 되었다. 지역 신생아 보건 전문가의 도
움을 바탕으로 재키에 관한 연구와 현장 시험을 3년간 거쳤다. 종전의
디자인과 성능을 개선해서 오늘날의 '재키'를 완성시켰다.

나는 첫 재키(처음에는 그냥 '장갑'이라고 불렀다)를 재커리가 신생아 집중
치료실에 있을 때 만들었다. 사실 재키는 그저 내 손 모양을 흉내 낸 묵
직한 천으로 만든 장갑이었다. 우리 부부는 이 재키에 우리의 체취와 체
온을 담기 위해 오랫동안 가슴에 품고 있거나 안고 잤다. 그리고 내가 아
기에 캥거루 케어를 해 줄 수 없거나 병원에 못갈 때 아기의 인큐베이터
안에 넣어 두었다. 말하자면 이 장갑은 우리 부부의 분신인 셈이었다.

재키는 부모의 손과 팔뚝의 무게, 모양, 냄새, 온도 등을 모방하여 제
작된 신생아 발달 케어 도구다.

이 재키 장갑의 효과는 정말 놀라웠다. 아기뿐만 아니라 우리 부부에
게도 말이다. 나와 남편이 느끼는 스트레스와 걱정, 무력감이 현저히 줄

어드는 것을 느꼈다. 아마 우리가 병원에 없을 때 이 장갑이 밤새 아기를 편안하고 바른 자세로 누울 수 있게 하는 등의 역할을 톡톡히 해 줄 거라는 데 안도감을 느낀 모양이다. 그렇게 신생아 발달 케어를 해 줌으로써 아기의 성장과 신체적, 심리적, 신경적 발달이 빨라지고, 편안한 치유를 경험할 수 있다. 이런 사항들이 효과적으로 달성되면 아기는 보다 빨리 회복되어 일찍 퇴원할 수 있을 것이다.

미국의 소아마비 구제 모금 운동March of Dimes에 의하면 조산은 임신 37주 이전의 출산을 일컫는데, 매년 50만 명의 아기(전체 아기들 8명 중 1명 꼴)가 미숙아로 태어난다고 한다. 또 의학 연구소Institute of Medicine의 말에 따르면 미숙아 문제는 매우 심각한 건강 문제이며, 실제로 미국은 이 때문에 연간 260억 달러 이상의 비용이 들고 있다고 한다.

대부분의 국가에서는 한 직장에서 일정 기간 동안 일한 직장인에게 유급 출산 휴가를 준다. 서구 국가 중 유급 출산 휴가를 의무화하지 않고 있는 국가는 미국이 유일하다. 대신 미국의 가족 의료 휴가법(1993)은 대부분의 미국인 노동자의 무급 출산 휴가를 의무화하고 있다.

각각의 고용주는 0주에서 12주 사이의 범위에 이르는 출산 휴가에 대해 각기 다른 정책을 가지고 있다. 그래서 산모는 아기가 신생아 집중치료실에 있는 동안 출산 휴가를 받을 것인지, 아니면 아기가 퇴원해 집에 있는 동안 받을 것인지에 대해 결정해야 하는 상황에 놓이기도 한다.

따라서 부모가 하루 종일, 일주일 내내 신생아 집중치료실에서 아기를 안아 줄 수 있는 그날이 올 때까지 재키 장갑이 부모와 아기의 유대감 형성을 도울 것이다. 이 간단한 도구가 아기를 치유하고 아기의 발달을 돕는 부모 역할의 일부를 담당하는 것이다.

재키 장갑 관련 사업을 하면서, 나는 캥거루 마더 케어를 하는데 앞으로 뭐가 더 필요하겠느냐고 수백 명의 간호사와 엄마에게 물어보았다.

갖가지 대답이 다 나왔다. 더 많은 교육의 기회, 안전성의 확보, 캥거루 마더 케어의 일상화라고 하는 사람이 많았다. 동시에 케어 도중 아기가 떨어지지 않도록 하고, 아픈 아기를 더 쉽게 안을 수 있어야 하며, 부모를 더 편안하게 해 주어야 한다는 소리도 높았다. 또한 이 케어 과정에서 엄마의 가슴을 덮어 사생활을 보호하고, 부모가 더 잘 수 있도록 해야 하며, 언제라도 아기에게 쉽게 접근할 수 있어야 한다는 의견도 있었다. 이 케어를 위해 아기를 옮기고 준비하는 시간을 더 줄여야 한다는 대답도 나왔다.

나는 이런 많은 요구를 반영하는 해결책을 마련하기 위해 연구를 계속했다. 그리하여 마침내, 역시 내 아들의 이름을 딴 '캥거루 잭Kangaroo Zak'을 발명하게 되었다.

캥거루 잭KZ은 어깨끈이 없는 남녀 공용 나시로 성인의 몸에 두를 수 있도록 되어 있다. 아기를 엄마나 아빠의 가슴에 아늑하게 고정시켜 준다. 천연 통기성 섬유와 스판덱스로 제작되었기 때문에 부모가 아기를 더 오래, 편안하고 안전하게 안을 수 있게 해 준다. 이렇게 아기를 효율적으로 안는 동시에 손도 자유로이 쓸 수 있다. 캥거루 잭은 건강한 아기와 아픈 아기 모두에게 적절하도록 제작되었다.

세상의 아기들을 위해 내가 할 수 있는 일

우리 아들 재커리는 2011년 5월에 10살이 된다. 앞으로도 나는 재커리를 위하는 마음으로 미숙아를 돕는 일을 계속할 생각이다. 아기를 돌보는 일에 부모의 참여가 얼마나 중요한지에 대해 교육하며 전 세계에 캥거루 마더 케어를 보급시키고 싶다. 또 신생아 집중치료실 의료진과 부모들에게 사용하기 쉽고 효과적인 캥거루 마더 케어 관련 도구를 제공하고자 한다. 아기들의 치료, 성장, 발육을 돕기에 적합한 도구를 말이다.

나는 회사 웹사이트의 캥거루 케어 관련 게시판을 계속 업데이트하여 의료진과 아기 가족에게 이 케어에 관한 최신 정보와 교육 등을 제공하려 애쓰고 있다.

최근에는 소아마비 구제 모금 운동의 휴스턴 지역구 이사회에 참여하게 되었다. 여기서의 내 첫 번째 임무는 휴스턴 지역에 있는 모든 병원에서 아기들의 발달을 위한 가족 중심의 간호를 제공할 수 있도록 돕는 것이다. 예를 들어 병원에서 캥거루 마더 케어를 가능한 한 오래, 자주, 일관되게 실시하세끔 하는 것이다. 그 후 많은 이들의 도움을 바탕으로 우리의 경험을 세계로 퍼뜨리는 것이 목표다. 이 노력이 쉽지 않을 거라는 건 나도 안다. 하지만 충분히 해낼 거라고 믿고 있다.

미국 캥거루 케어 연구소United States Institute for Kangaroo Care에서는 의료진에게 캥거루 케어 관련 자격증 강좌를 제공하는데, 나는 이 강좌의 강사로도 일하고 있다. 강의를 할 때면 내 경험담에 대해 이야기한다. 이에 관련하여 내가 '캥거루 간호 케어KNC'라고 이름을 붙인 간호법을 개발해 의료진에게 가르치고 있다.

캥거루 간호 케어란 재난이 닥쳐 인큐베이터에 전력 공급이 되지 않을 때를 대비하여 아기에게 캥거루 마더 케어를 해 주는 간호법이다. 의료진에게 휴대용 산소 마스크를 이용한 호흡 소생술을 훈련시키는 게 의무이듯이, 응급 상황에서 캥거루 간호 케어를 할 수 있도록 교육하는 것이다. 이는 아기의 생존과 관련된 문제이므로 반드시 짚고 넘어가야 할 부분이다.

또한 나는 캥거루 마더 케어 전문가를 한 자리에 모으는 노력도 하고 있다. 물론 2년에 한 번씩 캥거루 마더 케어 국제 회의(2010년에는 캐나다에서 개최되었고, 2012년에는 인도에서 개최될 예정)가 개최되고는 있다. 하지만 이런 회의뿐만 아니라, 평소에 의사소통의 장을 마련하는 일도 시급하다고 본다. 캥거루 마더 케어의 시행과 그에 대한 연구 결과를 논의하는 80명 이상의 전문가들이 이런 나의 노력에 이미 동참하고 있다.

오늘날까지 내 회사는 '재커리를 위한 기부 프로그램'을 통해 전 세계 아픈 어린이들을 위해 20,000달러 상당의 제품을 기부했다. 또한 '올해의 우수 여성 오너 기업', '올해의 보건 분야 최고 라틴인' 등을 포함하는 15개의 상도 수상했다. 그리고 '인체공학의 창의성: 올해의 실천가상'의 후보로 오르기도 했다. 나의 이야기는 많은 출판물, 웹사이트 TV, 라디오(BBC, ABC, CBS 등) 등에서 특집기사로 계속해서 다뤄지고 있다.

그 와중에 나와 동료들은 아기를 치유하고 아기와 부모 사이에 친밀감을 형성하는 데 최선을 다해 노력하고 있다. 미숙아에 대한 일반인들의 인식 개선에도 주력하고 있다.

마지막으로 정말 중요한 보고를 하나 하겠다. 바로 재커리가 너무나 잘 지내고 있다는 거다! 그 애는 여전히 레고를 좋아하며(이제는 레고로 로봇도 만들 정도다), 학교에서 모든 과목에 A학점을 받아 성적 우수상을 받기도 했다. 가족이나 친구들과 시간 보내는 걸 아주 좋아한다. 축구와 수영을 즐기며, 마술도 감쪽같이 잘한다.

재커리는 잘생겼고 영리하며, 운동에도 소질이 있다. 그 애는 유머감각이 넘치는 세상에서 가장 사랑스러운 아이다.(물론 엄마의 아주 '객관적인' 의견이다) 내가 재커리를 위하는 마음으로, 마치 옛날의 그 애 같은 아기들을 위해 일한다는 사실에 깊이 감사하고 있다. 그리고 내 아이가 살아나 이렇게 건강해지기까지 나와 함께해 준 모든 신생아과 관련 사람들에게 영원히 고마움을 전하고 싶다.

Chapter 5

한국의 아기 엄마 나은실

♥♥

서윤이는 엄마 나은실과 아빠 하경수 사이에 태어난 사랑스러운 아이다.
미숙아로 태어났기에 서울대병원 신생아 중환자실의 인큐베이터에 계속 있어야만 했다.
그러던 중 MBC 방송국 스페셜팀이 병원에서 '캥거루 케어' 프로그램 촬영을 시작했다.
은실씨는 설명을 듣자마자 곧바로 참여했다. 서윤이가 캥거루 마더 케어와 함께한
놀라운 나날은 곧 방송을 통해 알려졌고, 우리나라에서는 극소수의 병원에서만 하던
이 육아법이 그제야 대중적으로 알려지기 시작했다.

캥거루 마더 케어,
대한민국에 상륙!

나는 심한 다낭성난소증후군이라

일반 임신이 힘든 상황이었다. 그래서 시험관 시술을 통해 임신을 했다. 시술을 통해 처음으로 쌍둥이를 임신했다. 모두 알다시피 쌍둥이를 임신하고 지키고 낳는 것은 한 명을 낳는 것보다 훨씬 힘들다. 우리는 한 아이만이라도 끝까지 데리고 가려고 했다. 그런데 초음파에서 보이기로는 두 아이가 모두 건강하고 심장 박동이 세차게 뛰고 있는 것이었다. 그래서 힘들겠지만 두 아이를 모두 데리고 끝까지 해 보자고 마음먹었다.

하지만 양쪽 난소에 물이 차기 시작했다. 내 배는 만삭의 배보다도 더 많이 부풀어서 제대로 눕지도 못하고, 앉지도 못했다. 너무나도 힘든 나날이었다.

그러던 어느 날 진료를 받으려고 병원에서 기다리고 있었는데 뭔가 주르룩 흐르는 것이 느껴졌다. 내가 소변을 서서 볼 리도 없는데……. 갑자기 두려움과 떨림이 밀려왔다. 흘러내린 것은 양수였다.

병원에서는 자궁 무력으로 인해 자궁문이 다 열린 것이라 했다. 15주 된 우리 쌍둥이를 그렇게 하늘나라로 보낼 수밖에 없었다.

내 몸이 이런 상황이란 것을 너무 잘 알았기에, 다음에 임신을 하면 정말 주의를 기울이리라 다짐하고 또 다짐했다. 그렇게 아픈 마음을 이끌고 몇 달을 보내다 다시 시험관 시술을 했고, 우리에게 또 다시 기회가 주어졌다. 우리는 너무 걱정된 나머지 병원을 밥 먹듯 드나들었다. 임신 10주가 되자 또다시 양쪽 난소에 물이 차오르는 것이 발견됐고, 그 당시 여성병원을 다녔던 나는 더 큰 병원으로 옮기기로 했다.

대학병원으로 첫 진료를 간 날, 초음파를 보던 교수님은 당장 입원을 권했다. 알고 보니 배에 복수가 차기 시작한 것이다. 난자 채취도 하지 않고 냉동되어 있던 수정란을 이식한 것뿐인데도 배에 그렇게 복수가 차고 난소에 물이 차는 것은 우리나라에서도 극히 드문 현상이라고 했다. 배에 복수는 일주일 만에 8kg나 찼다. 양쪽 난소가 너무 부어 있어 아랫배에서 복수천자를 시행하지 못하고 옆구리에서 복수를 빼냈다. 복수가 차면 빼내고 또 빼내는 식이었다. 그렇게 한 달간 병원 생활을 하다 집으로 돌아왔는데, 병원 가는 날을 제외하고는 거의 누워서 지내다시피 했다.

한 달 후, 21주에 접어들 즈음 멀쩡했던 자궁경부 길이가 급격히 짧아졌다. 지켜보다가 자궁경부를 묶는 응급 수술을 했다. 너무 아프고 괴로웠지만 이대로 아이를 포기할 수 없어서 이를 악물고 참았다. 이틀 후 초음파를 보니 자궁경부를 묶어 놓은 사이로 양막이 7cm가량 내려왔다고 했다. 그래서 침대에서 다리를 높이 들고 누워 지내야 했다. 그 자세로 밥을 먹고, 대소변을 보고, 씻으며 생활했다. 너무나 힘들었지만 힘든 나를 지켜보며 옆에서 24시간 간호하는 남편을 보니, 이 아이를 꼭 지켜야겠다는 생각이 들었다. 이를 악물고 마음을 다 잡았다.

임신 기간 동안 내 건강 상태는 최악이었다. 약을 투여하면 약의 부작용 때문에 다른 약을 쓰고, 그 약이 안 맞아서 또 다른 약을 썼다. 중간부터 양수도 새기 시작했다. 아이가 엄마 뱃속에서 살려면 엄마의 양수가 꼭 필요한데 그 양수가 새다니. 정말 이럴 수는 없었다. 하루하루 버티다가 자궁 수축이 오면 힘들게 버텼다. 진통이 와도 꾹 참았다. 아이를 이대로 낳으면 하늘나라로 보내야 했기 때문이다.

24주 째 6일 저녁, 다시 진통이 시작됐다. 치골이 너무 찢어지게 아파왔다. 저번 진통은 그냥 이만 악물고 버틸 수 있었으나 이번 진통은 달랐다. 10시간 30분을 버티다 초음파를 보러 갔는데, 양수가 거의 없었다. 자궁문은 이미 4cm나 열렸다. 바로 분만장으로 옮겨졌고, 나는 분만장 앞에서 울며 애원했다. 내가 더 참을 테니 좀 더 버티게 해달라고. 하지만 소용이 없다고 했다. 지금 아이를 낳지 않으면 오히려 더 위험하다는 것이었다. 아이 무게는 대략 700g이었다. 아이가 살 수 있을까! 눈물만 흘렸다.

분만대에 오르자 남편이 눈에 눈물을 가득 머금은 채 걱정 말라고 했다. 그때부터 더 이상 울 수가 없었다. 우리 아기가 태어나서 잘 견딜 것인데 엄마가 울면 안 되겠다고 생각했다.

나는 그렇게 아이를 낳았다. 2011년 4월 18일 5시 10분, "딸입니다!" 간호사가 옆에서 귀에 대고 말했다.

아, 내 딸이구나! 평범하게 만삭으로 태어났으면 아빠가 탯줄을 자르고 엄마 품에 안겨 편안했을 텐데, 내 딸은 태어나자마자 갖가지 도구들로 체크받고 엄마 가슴에 한 번 안겨 보지도 못한 채 딱딱한 인큐베이터에 실려 신생아 중환자실로 갔다. 아이의 얼굴이 너무 궁금해서 한 번이라도 보고 싶었는데, 순식간에 옮겨졌다. 나 대신 남편이 신생아 중환자실에 다녀왔다.

딸은 25주째에 700g으로 태어난 아기 치고 건강하다고 했다. 스스로 호흡도 한다고 했다. 감사했다! 내겐 흐를 눈물이 없었다. 그저 감사하기

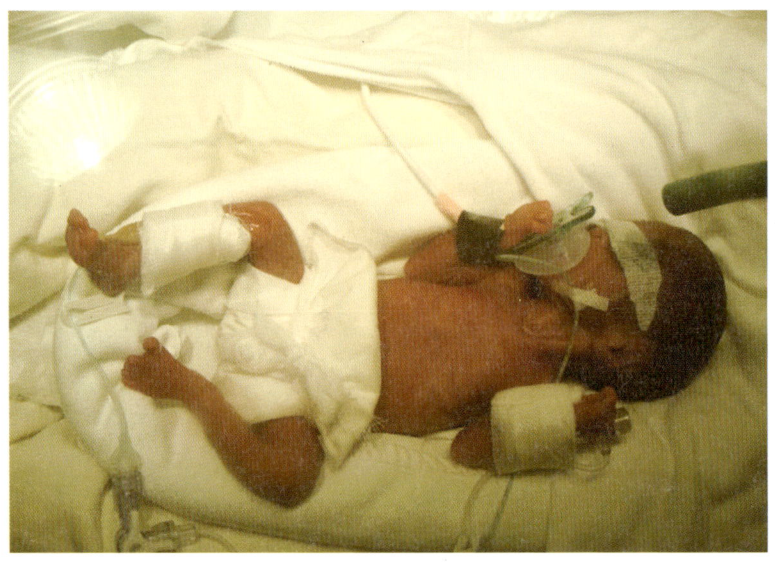

♥ 갓 태어난 서윤이

만 했다. 그 후로 지금까지 나는 내 아이를 위해 운 적이 없다. 긍적적인 마음이 모든 것을 이겨낼 수 있다는 걸 누구보다 잘 안다. 아이는 지금 껏 건강하고 착하게 잘 자라 주고 있다. 정말 하나님의 기적이다.

캥거루 마더 케어를 만나다

캥거루 마더 케어를 알게 된 것은 MBC 방송국의 다큐멘터리 프로그램 '엄마 품의 기적, 캥거루 케어'의 제작 덕분이었다. 아이가 신생아 중환자실에 입원해 있을 때 캥거루 케어 촬영에 참여하게 되었다.

당시 아이는 나와 격리되어 있었고, 매일 면회를 가도 내가 할 수 있는 것은 인큐베이터 유리관 안에 있는 아이를 쳐다 보는 것밖에 없었다. 만져서도 안아서도 안 되었다. 아이 몸무게가 너무 가벼운데다 산소호흡기와 심박측정기도 뗄 수 없었고, 감염의 위험까지 있기 때문이라고 했다. 태어나자마자 생사의 기로에서 발버둥치며 차가운 기계와 사투를 벌이던 아이를 보니 너무 가슴이 아팠다. 아이를 낳고 57일 동안이나 한 번도 가슴에 품을 수 없었던 나로서는 캥거루 마더 케어라는 방법이 성말 절실했다. 듣자마자 바로 그것을 시도하기로 했다.

58일째가 되던 날, 이제야 서윤이를 안아 올려 내 가슴에 품을 수 있었다. 서윤이의 옷을 벗기고 맨살로 안아 주었다. 처음으로 안아 본 소감은 '어? 서윤이가 내 가슴에 안겨 있는 건가?' 하는 느낌이었다. 분명 내 가슴에 안겨 있는데, 아무것도 가슴에 안겨 있는 것 같지 않고 그냥 내 몸의 일부같이 느껴지는 것이었다. 내 몸과 밀착되어 둘이 함께 호흡을 하고 있었다.

"서윤아 엄마야. 내가 서윤이 엄마란다. 엄마 목소리 알겠지? 서윤이가 엄마 뱃속에 있을 때 엄마 목소리 많이 들었지? 엄마 알지? 이제야 이렇게 안아 줘서 미안해. 정말 미안해……."

나지막하게 말을 하자 서윤이는 마치 내 말을 알아듣는다는 듯이 눈을 살짝 살짝 뜨며 반응을 보였다. 발달 간호사가 말했다.

"아기는 뭔가 불편하면 계속 움직이고, 그렇게 움직이면 칼로리 소모가 많아서 살도 많이 안 쪄요. 그런데 어머님 가슴에 안겨서는 서윤이가 한시도 움직이지 않고 편안히 있네요. 엄마 품이라 편안한 것 같아요."

정말 행복하면서도 마음이 짠했다. 첫 캥거루 마더 케어는 나로 하여금 '아, 내가 진짜 엄마가 되었구나……' 하는 생각이 들도록 해 주었다.

케어를 시작한 지 3일째 날이던가? 서윤이를 가슴에 품고 얼마 지나지 않아 양쪽 가슴에 젖이 도는 것을 느꼈다. 아이가 태어났지만 실제로 모유를 한 번도 먹여 보지 못한 속상함에 몸이 먼저 반응한 건지, 서윤이가 가슴에 안기자 젖이 돌기 시작했다. '아! 이게 과학적으로 설명할

♥ 서윤이의 첫 캥거루 마더 케어

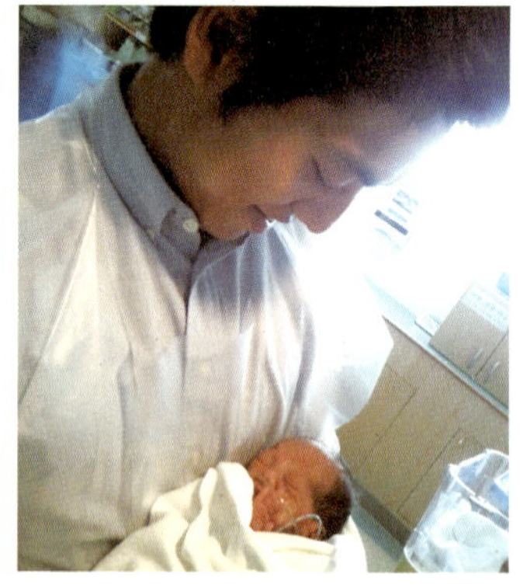

♥ 처음으로 서윤이를 안아 본 아빠

수 없는 본능적인 엄마와 아가의 보이지 않는 끈이구나!' 하고 느꼈다.

외국에서는 미숙아가 태어날 경우 아빠에게 휴가를 줘서 심신이 고단한 부인과 아이를 돌볼 수 있는 여건을 마련해 준다고 한다. 병원에서도 엄마와 아빠가 하루 종일 아이와 함께하며 아이를 지키고 살필 수 있도록 시스템을 구축한다고 들었다. 집중치료를 요하는 이런 미숙아는 한 명의 간호사가 2~4명의 아이를 세심하게 잘 돌봐 준다고 한다. 그렇다 해도 부모의 정성만큼은 못하다는 걸 알기에 부모가 지낼 수 있는 환경을 만들어 준다. 그곳에 각종 기계를 가져다 놓고 의사와 간호사가 기계 상태를 확인할 수 있게 해 놓아서 응급 상황이 생기면 그때 바로 그 방으로 가는 그런 시스템이 되어 있다고 들었다.

신생아 중환자실에 면회 오는 부모들을 보면 마음이 짠하다. 그 짧은 면회 시간 동안 자기 아이에게만 집중하며 아이의 표정과 행동 변화 하나하나에 울고 웃고 한다. 그들을 보면서 생각했다.

'부모 마음이 이런 것이지. 서윤이도 얼른 집에 데려가서 하루 종일 같이 있었으면 좋겠다……'

서윤이는 제대로 안정 효과 봤어요

캥거루 마더 케어를 시작하고부터 하루하루 지날수록 서윤이는 내 품을 아주 편해했다. 눈에 보이는 제일 큰 변화는 서윤이의 수면 상태였다. 인큐베이터에 있는 서윤이를 가만히 보고 있으면 자면서도 계속 뒤척이며 움직였다. '저렇게 많이 움직여서 몸무게가 늘 수 있을까?' 하고 걱정될 정도로 움직임이 많았는데, 케어를 해 주고 나니 서윤이가 침을

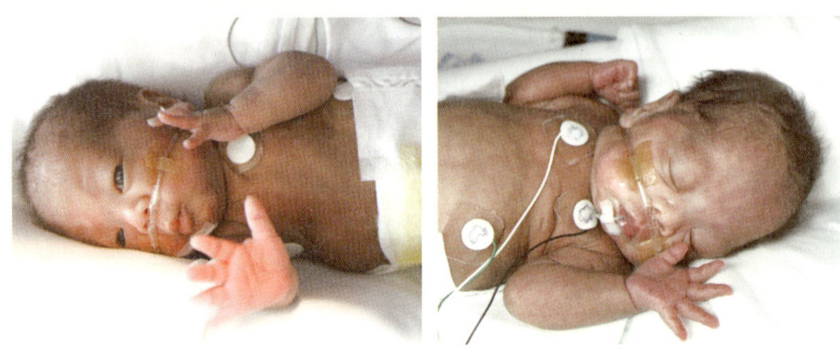

질질 흘릴 정도로 잠을 푹 자는 것이었다.

그만큼 엄마와 함께 있을 때 마음이 안정되고 편안해하기 때문이라는 생각이 드니 너무 가슴 아팠다. 아이가 이렇게 좋아하고 편안해하는데 하루에 고작 30분밖에 안아 줄 수 없는 상황이 슬펐다.

서윤이를 가슴에 안고 손, 등, 머리, 얼굴을 하나하나 만져 보고, 눈을 뜨면 눈을 마주치고 이런저런 얘기도 하고 노래도 불러 주며 교감을 하니 '아, 내가 정말 엄마구나. 내가 이 예쁜 아가의 엄마구나!'라는 생각이 들어 감사하고 또 감사했다.

캥거루 마더 케어를 하고 나서 서윤이는 차차 많은 부분이 안정이 되어 갔다. 주사를 맞을 때, 채혈을 할 때, 검사를 할 때 모두 잘 견뎠다. MBC 방송국 촬영팀에서도 촬영하면서도 느껴진다고 말할 정도였다. 내가 그 확실한 효과를 경험한 두 가지 경우가 있다.

서윤이는 미숙아 망막증이 있어서 눈 검사를 해야 했다. 미숙아 망막증은 눈에 안약을 넣고 핀셋 같은 것으로 눈을 벌려서 하는 검사다. 보통 아기들이 이 검사를 할 때 자지러지게 운다. 서윤이도 그 검사를 할 때 막 울어대서 너무 속상했다.

검사를 하고 며칠 뒤, 우리 부부가 캥거루 케어를 하고 있을 때 의사가 그 검사를 또 하러 왔다. 같은 공간에 있던 다른 아기들이 먼저 검사를 했는데 아주 짧은 시간임에도 불구하고 다리까지 떨면서 우는 것이었다.

우리 부부는 너무 겁이 났다. 이제 서윤이 차례가 되었고, 두 손을 모으고 지켜봤는데 얼마 후에 "끝났습니다" 하는 것이었다. "벌써 끝났어요?" 하고 물으니 서윤이가 정말 얌전하게 있어서 빠르게 검사할 수 있었다는 것이다. 대부분 아기는 울며 움직여서 검사 시간이 좀 더 지연되는 것이라고 했다. 우리는 그 상황을 보고 '아 이게 캥거루 케어의 효과구나!' 하고 단박에 깨달았다. 케어 덕분에 서윤이가 안심한 상태로 검사를 받을 수 있었던 것이다.

두 번째 경우는 서윤이가 뇌에 출혈이 조금 있던 것 때문에 출혈이 잘 흡수되었는지 볼 수 있는 MRI 검사 때였다. 그 MRI를 찍으려면 잠자는 약을 먹어야 한다. 아기가 움직이면 촬영을 할 수가 없기 때문이다. 우리

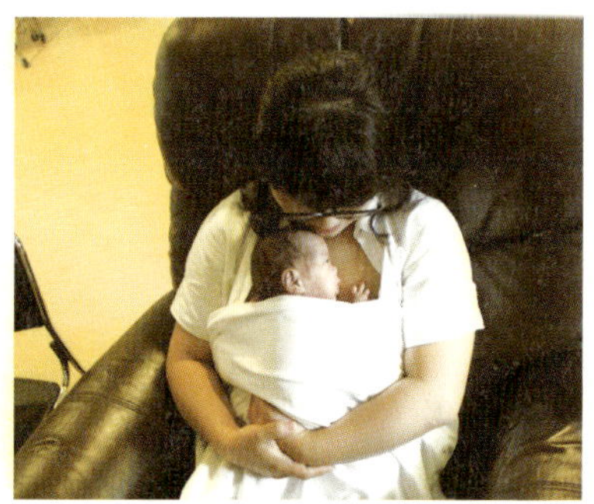
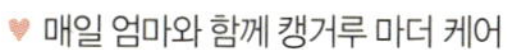

♥ 매일 엄마와 함께 캥거루 마더 케어

는 안절부절하며 서윤이가 MRI 촬영을 마치고 나오길 기다렸다. 한참 만에 서윤이가 왔는데, MRI를 찍지 못했다고 했다. 서윤이가 불안해해서 자는 약을 두 번이나 먹였는데도 자지 않고 계속 움직이는 바람에 실패했다는 것이다. 그래서 우리는 다음 번 검사 때는 내가 캥거루 마더 케어를 하고 난 뒤 촬영을 해 달라고 요구했다.

머칠 뒤 다시 촬영 날짜가 잡혔고, 나는 검사 전에 캥거루 마더 케어를 한 다음 자는 약을 먹이고 촬영실로 보냈다. 집으로 가는 길에 병원에서 전화가 왔다. 서윤이가 한 번에 촬영을 잘 마쳤다는 것이다. 정말 놀라웠다. 우리 부부는 한 번도 아니고 두 번이나 효과를 직접적으로 경험했기에 캥거루 마더 케어의 기적을 더욱 믿게 되었다. 서윤이가 이 케어를 통해 불안함을 버리고 엄마 품의 편안함, 익숙한 엄마의 목소리, 엄마의 바람과 같은 모든 것을 받아들였기에 이런 것이 가능하지 않았나 싶다.

우리 부부의 일상이 된 캥거루 마더 케어

남편과 나는 거의 매일 서윤이를 캥거루 마더 케어 하듯이 안고 있었고, 맨살을 접촉하는 캥거루 마더 케어를 하루에 두 번 정도 해 주었다. 한 번 할 때 평균 시간은 거의 30분에서 1시간 정도였다. 잠을 잘 때는 거의 캥거루 마더 케어 하듯이 재웠다. 그리고 케어를 하기 편한 랩이 있어서 밖에 나갈 때도 그 랩으로 서윤이를 가슴에 꼭 품고 다녔다.

사실 서윤이가 퇴원하고 집으로 온 뒤부터는 나보다는 남편이 캥거루 마더 케어 담당이라고 불러도 될 정도로 계속 케어를 해 주었다. 서윤이가 병원에 있었을 때 내가 해 주고 있는 모습을 보며 너무나 부러워했기

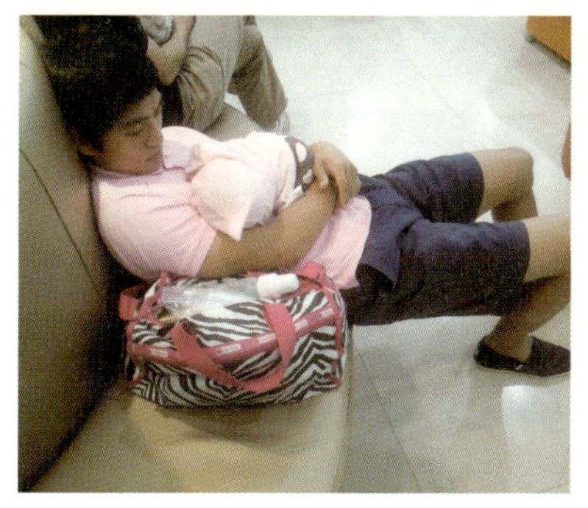

때문에, 서윤이를 데리고 퇴원하자마자 집에서 제일 먼저 한 일이 이 케어였다. 남편은 하루 중에 서윤이를 품고 있는 그 시간이 제일 행복하다고 했다. 맨살로 케어를 해 주기 불편할 때에도, 틈만나면 캥거루 자세로 서윤이를 안아 주곤 했다. 이 육아법은 우리 부부에게 일상이 된 것이었다.

이런 식으로 서윤이에게 캥거루 마더 케어를 해 줘서 그런지 서윤이는 정말 잘 자고, 잘 먹고, 울지도 않고, 잘 놀았다. '내가 정말 신생아를 키우는 것인가?'라는 생각이 들 정도로 안정적이었다. 물론 서윤이가 지닌 성격이 어느 정도 그런 것일 수도 있지만 우리 부부는 캥거루 마더 케어를 한 덕분에 이렇게 더 좋은 성향으로 잘 자라는 것이라고 확신한다.

서윤이는 미숙아였기 때문에 건강 걱정이 제일 많았다. 그래서 남편과 함께 서윤이를 어떻게 키워야 할지 고민을 많이 했는데, 결론은 '우리스럽게, 우리처럼 서윤이를 키우자!'였다. 그래서 서윤이를 집에 데려온 지 8일 후부터 거의 하루도 빠짐없이 밖으로 데리고 다녔다. 그래야 면역력도 더 생기고 더 건강해질 것 같았다.

♥ 건강하게 자라는 서윤이

아빠가 운동하는 곳에는 먼지가 많지만 그래도 데리고 다니고, 친구네 집에도 놀러 갔다. 그 덕분인지 서윤이는 지금까지 큰 감기 한 번을 걸리지 않았다. 그리고 아빠가 서윤이의 대근육, 소근육 운동을 지속적으로 해 주었다. 마사지도 계속 해 주면서 서윤이가 잘 자랄 수 있게 계속 노력했다. 미숙아라서 더 면역력이 약하고 더 아플까 봐 걱정했던 것과는 달리 서윤이는 정말 잘 자라고 있다.

또 나는 서윤이에게 이야기를 많이 들려주었다. 힘든 일, 화나는 일, 좋은 일, 기쁜 일을 친구끼리 수다를 떠는 것처럼 이야기했다. 물론 떠드는 것은 내 쪽이고 서윤이는 들어 주지만 서윤이도 이제 우리 가족이 되었으니 우리 집에서 일어나는 모든 일을 알아야 한다고 여겼다. 내가 이런 저런 이야기를 해 주면 서윤이는 마치 다 알아듣는 것처럼 내 얘기에 집중한다. 그건 병원에서 캥거루 마더 케어를 할 때부터 계속 그랬다. 이것이 정말 아이에게 정서적으로 많은 도움이 되었던 것 같다.

아기에게 편한 안식처이자 '당연한 것'

내가 캥거루 마더 케어로 득을 본 것 중에 최고의 장점으로 꼽는 것은 엄마로서의 자존감이 높아진 것이다. 아이를 낳고도 만지지도 안지도 못했기에 솔직히 아이를 낳고도 한동안은 '내가 아이를 낳았나?' 하는 생각이 들었다. 남편에게도 그런 얘기를 한 적이 있다.

"분명 내가 서윤이를 낳았는데, 병원에서 면회하고 돌아와 시간이 지나면 내가 아이를 '낳았나? 안 낳았나?' 하는 생각이 들어. 왜 그러지?"

하루에 단 30분 정도만 아이를 보고 오는 것이 전부였던 나로서는 그런 느낌이 많이 들었다.

하지만 MBC 스페셜팀 덕에 캥거루 마더 케어를 시작하여 내 아이를 가슴에 품고, 아이와 교감하며 대화하다 보니 그 느낌이 사라졌다. 케어를 해 주는 시간만큼은 아기를 위해 모든 신경과 관심을 쏟을 수 있는 정말 귀한 시간이기 때문에 책임감도 더 느끼고, 사랑스러운 남편을 닮은 아이 얼굴을 보며 행복해했다. '내가 정말 엄마가 됐구나' 하는 생각이 많이 든 것이다. 그리고 서윤이를 지켜보니 하루에 단 30분일지라도 엄마가 안아 주고 가는 그 시간을 굉장히 행복해하고 편안해하는 것으로 보였다. 그런 면에 있어서 캥거루 마더 케어의 장점에 더 무슨 설명이 필요할까?

의사, 간호사, 건강 케어 종사자들이 시윤이기 성장히는 모습을 보며 "정말 이런 아이가 없어요. 복 받은 줄 아세요!"라고 할 정도로 아이가 순하고 착하고 잘 웃고 잘 먹는 걸 보니 캥거루 마더 케어의 효과가 정말 대단하다는 생각이 들었다. 그만큼 아이와 우리 사이에 교감이 잘 된 것이라고 여긴다.

예비 부모나 가족은 이러한 캥거루 마더 케어의 효과를 당연히 미리 알아야 한다. 이 육아법은 효과가 대단히 크기도 하지만, 설사 효과가

없다고 해도 부모가 자식을 가슴에 품어 준다는 자체가 얼마나 영광이
고 감사한 일인지 모른다.

캥거루 마더 케어는 결코 어려운 것이 아니다. 아기를 낳고 탯줄을 자
른 뒤 제일 먼저 하는 것은 무엇인가? 바로 엄마의 가슴에 아기를 올려
놓는 것이다. 그게 캥거루 마더 케어의 시작이다! 열 달 동안 엄마의 자
궁에서 자란 아이는 엄마가 먹은 것을 먹고, 엄마가 말하는 것을 들으며
늘 함께했기 때문에 당연히 엄마를 가장 익숙한 존재로 여길 것이다. 그
런 엄마의 따뜻한 가슴이 아기에게는 제일 편한 안식처이고 '당연한 것'
이다. 엄마와 아빠 또한 자신의 아기를 가슴에 품는 그 순간만큼 행복
한 일이 또 어디 있을까?

나는 캥거루 마더 케어의 최대 수혜자였고, 아이를 낳고 한 번이라도
제대로 안지도 못했던 나와 남편에게 캥거루 마더 케어는 정말 행복 그
자체였다. 부모가 되면 누구나 바라는 것이 자기 자식을 가슴에 품는 일
일 것이다.

캥거루 마더 케어는 결코 어려운 게 아니다. 당연한 것이다. 시도가 아
닌 자연스러운 시작이다. 하루에도 몇 번씩 가슴에 품고 끌어안고 뽀뽀
해 주는 그 순간이 얼마나 행복한지. 다들 느낄 것이다. '캥거루 마더 케
어'라는 말이 거창하고, 케어라고 하니까 뭔가를 해 줘야 할 것 같지만
절대 아니다. 가슴에 아이를 품어 주는 그 한 가지만으로도 많은 변화가
일어난다. 많은 기적이 일어난다. MBC 스페셜 캥거루 케어의 헤드라인
처럼 '엄마 품의 기적! 태어나면 시작하라! 캥거루 케어!'라는 말이 정답
인 것 같다. 내가 느낀 캥거루 마더 케어는 교감, 안정, 기적이다!

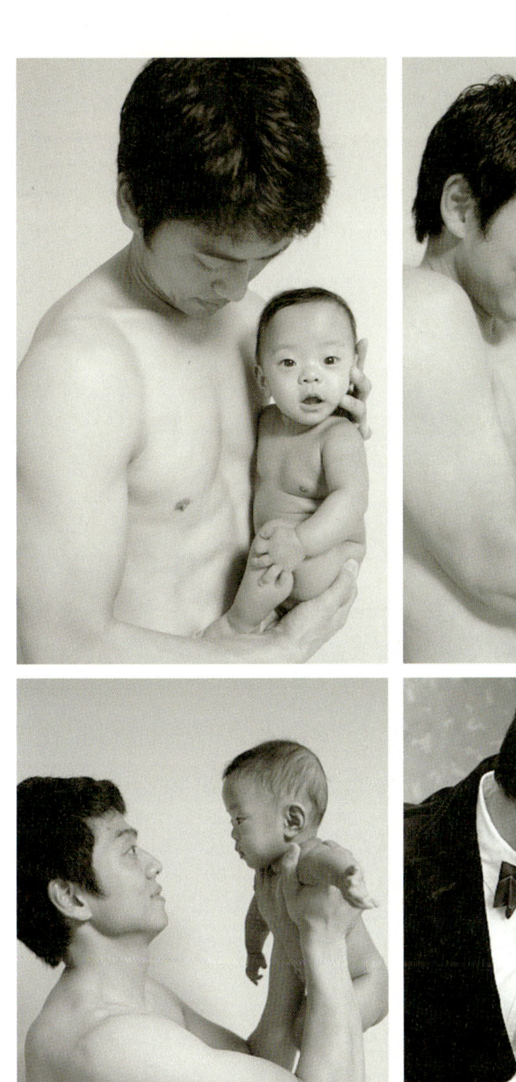

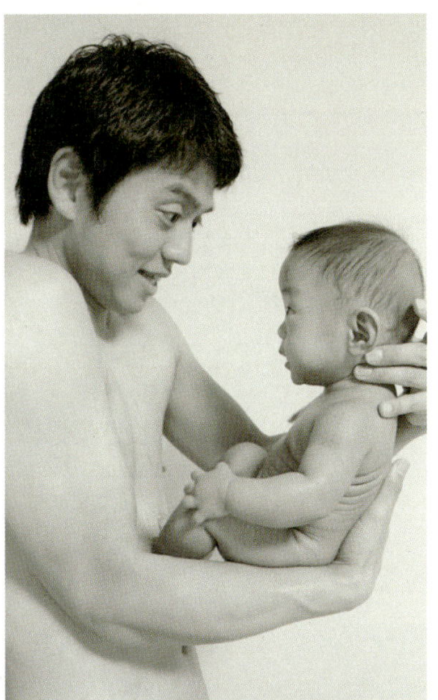

♥ 서윤이와 아빠

| 서윤이와 함께한 기적의 체험 |

서울대병원 신생아 중환자실 수간호사 조은주

서윤이는 25주째에 700g으로 태어난 아주 작은 아기였습니다. 태어났을 때 서윤이처럼 체중이 1kg 미만인 아기들을 초극소 저체중 출생아Extremely Low Birth Weight Infant라고 합니다. 서울대병원 신생아 중환자실에 입원하는 초극소 저체중 출생아는 연간 50여명 정도로, 그중 85% 정도가 살아남아 엄마 품으로 갔습니다. 미국이나 일본 등에 뒤지지 않는 성적이며 앞으로 생존률은 분명히 더 올라갈 것입니다. 하지만 적지 않은 수의 미숙아들은 만성 폐질환, 미숙아 망막증, 뇌출혈 등으로 인한 신경학적 후유증을 안고 살아가야 합니다.

그동안의 미숙아 치료의 초점이 '얼마나 더 작고, 더 어린 아기까지 살려낼 수 있느냐'였다면 앞으로의 화두는 그 아기들이 '어떻게 잘 살아가느냐'일 것입니다. 그렇기 때문에 많은 의료진이 발달간호developmental care에 관심을 갖는 것입니다.

캥거루 마더 케어는 대표적인 발달간호의 한 방법으로, 이 육아법을 통해 얻을 수 있는 이점은 무수히 많습니다. 엄마와 아빠의 품에 안겨 캥거루 마더 케어를 하는 동안 아기는 편안함을 느끼고 스트레스가 감

소되어 심장 박동 수 안정, 산소포화도의 증가, 버둥거림 감소 등 즉시 눈에 보이는 효과를 나타냅니다. 안정 상태가 유지되므로 불필요한 에너지 소모가 감소되어 체중 증가도 더 잘 됩니다.

하지만 이것이 전부는 아닙니다. 이 케어의 가장 놀라운 매직은 미숙아로 태어난 아기의 미성숙한 뇌 발달에 기여한다는 것입니다. 당장 눈에 보이는 결과는 아니지만 가장 주목해야 할 점입니다.

엄마 품에 안긴 편안한 표정의 서윤이를 보며 당장의 안정된 활력 징후가 반갑기도 했지만 만삭아 못지않게 신체적, 정신적, 정서적으로 잘 발달하는 서윤이의 성징 과정에 디 큰 기대를 갖고 있습니다.

이 육아법은 엄마, 아빠에게도 놀라운 경험입니다. 대부분의 미숙아 부모, 특히 엄마는 아기를 자신의 뱃속에서 만삭까지 지켜 주지 못했다는 죄책감과 만지지도 못할 것 같은 작은 아기를 잘 키울 수 있을지에 대한 두려움 때문에 자신감이 줄어듭니다.

서울대병원에서의 캥거루 마더 케어 프로그램 촬영 과정에서 가장 두드러진 결과를 보여 준 것은 엄마들의 모성 자존감 상승이었습니다. 매일 아기를 안아 주며 이 작은 아기에게 엄마로서 무언가를 해 줄 수 있다는 기쁨을 느끼는 것이었습니다. 아기와 단 둘이 시간을 보내며 느끼는 행복감, 직접 아기를 만지며 얻을 수 있는 자신감이 그런 놀라운 결과를 이끌어내었습니다.

이렇게 좋다는 캥거루 케어를 왜 그동안 국내에서는 본격적으로 안 하고 있었을까요? 못 하고 있었다는 표현이 맞을 것 같습니다. 국내의 신생아 중환자실은 미국이나 유럽의 신생아 중환자실에 비해 시설 환경, 인력 등이 아직도 열악한 편입니다.

캥거루 케어의 대모인 케이스 웨스턴 리저브 대학교Case Western Reserve University Nursing School의 수잔 루딩턴Susan Ludington 교수는 '24시간과 일주일twenty–four seven' 캥거루 케어를 권합니다. 단어의 뜻처럼 24시간 내내, 일주일 동안 '언제나' 캥거루 마더 케어를 하기 위해서는 엄마, 아빠가 아기 곁에 내내 머무를 수 있는 1인실 병상이어야 합니다. 그러나 우리나라의 거의 모든 신생아 중환자실은 공동 병실 구조입니다. 또한 미숙아가 케어를 하는 중에는 아기의 이상 징후에 대한 간호사의 주의 깊은 관

찰이 필요한데 이 케어가 잘 시행되고 있는 다른 나라에 비해 턱없이 부족한 인력도 적극적인 확산을 가로막는 걸림돌입니다.

그럼에도 불구하고 캥거루 마더 케어는 반드시 필요합니다. 우리에겐 잘 키워내야 하는 또 다른 서윤이가 너무 많이 있기 때문입니다. 근래에 늘어나는 캥거루 마더 케어에 대한 관심이 참 고맙습니다. 많은 사람의 관심이야말로 보다 많은 아기가 엄마 품에서 이 육아법을 경험할 수 있게 해 주는 원동력입니다. 이것은 곧 우리 아기들이 잘 살아갈 수 있는 문을 열어 줄 것입니다.

캥거루 마더 케어를 엄마 품의 기적이라고들 합니다. 그 말이 맞습니다. 현장에서 기적이 시작되는 첫 걸음을 보았고 이 책을 통해 전 세계에서 일어난 놀라운 이야기를 접했습니다. 저뿐만이 아닌 많은 이들에게도 그 기적의 체험이 전해지길 바랍니다.

초보 엄마 아빠를 위한
다섯 가지 상식

이른둥이(미숙아) 건강관리 5대 수칙

1. 정기적인 건강 체크를 받는다

미숙아는 생후 첫 몇 년간은 교정 연령에 맞게 정상적으로 성장과 발달을 하고 있는지 세심히 지켜 보아야 하며, 합병증의 발생이나 경과를 잘 살펴야 하므로 정기적인 검진과 함께 안저 검사, 청력 검사, 발달 검사 등 시기적으로 필요한 검사를 주치의 지시에 따라 받아야 한다.

2. 감염 예방을 철저히 한다

미숙아는 세균이나 바이러스 등의 감염에 대한 저항력이 약하므로 감염을 막아 주기 위하여 적절한 시기에 예방접종을 빠뜨리지 않고 받아야 하며, 생활환경이 청결하도록 특별히 신경 써야 한다.

3. 호흡기 질환을 조심한다

미숙아는 출생 시에 폐가 미성숙하여 호흡 곤란증을 앓거나 만성 폐질환을 앓는 경우가 많아 호흡기 감염에 특히 유의하여야 한다. 적절한 습도 유지와 함께 호흡기 감염 환자와의 접촉을 피하고, RS 바이러스(respiratory syncytial virus) 감염의 위험시기인 늦가을부터 미리미리 예방약을 투여하여 예방하도록 한다.

4. 퇴원 후 영양 관리를 지속한다

미숙아는 따라잡기 성장을 위해 많은 양의 영양이 필요하다. 모유 수유를 기본으로 하고, 다른 영양소의 보충을 통하여 면역력 증진과 함께 적절한 성장을 도와주도록 해야 한다.

5. 가족 모두의 사랑으로 돌본다

분만 예정일보다 일찍 태어나 힘든 시기를 이겨낸 새 식구인 만큼 가족 모두가 사랑으로 돌보며, 미숙아가 겪을 수 있는 여러 어려움을 너무 과잉보호를 하거나 부족함 없이 적절하게 도와주어 훌륭하게 성장할 수 있도록 지켜 주어야 한다.

대한신생아학회 제정

초보 엄마 아빠를 위한 다섯 가지 상식

1

갓 태어난 내 아기, 제대로 알고 챙겨 주기

- 신생아 돌보기: 해야 할 것, 하지 말아야 할 것
- 아기 울음소리 이해하기
- 아기를 잘 재우는 방법
- 부모들이 자주 묻는 아기 상태 Q&A

2

아기의 생존을 위한 다섯 가지 상식

3

맨살 접촉의 힘과 모유 수유의 장점

- 맨살 접촉은 미숙아에게 어떤 유익이 있을까?
- 캥거루 마더 케어, 모유 수유와 함께하세요

1

갓 태어난 내 아기,
제대로 알고 챙겨 주기

신생아 돌보기 : 해야 할 것, 하지 말아야 할 것

새내기 부모를 위한 신생아 양육의 몇 가지 조언이 있다. 전문가의 조언을 바탕으로 했기에 이를 알면 부모가 아기 때문에 급히 소아과에 달려갈 일이 줄어들 것이다. 평범한 새내기 부모가 소중한 아기를 돌보는 데 필요한 몇 가지 조언을 해 보겠다.

● 해야 할 것: 아기에게 모유를 먹여라

연구에 의하면 적어도 1년 동안 모유를 먹은 아기는 나중에 커서 IQ 테스트 점수가 더 높은 경향이 있다고 한다. 모유는 필수 영양소와 함께 아기를 건강하고 튼튼하게 키워 주는 항체를 포함하고 있다. 모유 수유는 아기에게 단순히 음식을 주는 수단이 아닌 것이다. 더군다나 모유 수유를 하면 엄마와 아기 사이의 유대감도 향상된다. 아기는 하루에도 몇 차례나 젖을 먹어야 하니, 서로가 편안하도록 가장 적합한 자세를 찾아야 한다. 가장 일반적인 자세는 엄마가 젖을 먹일 때 팔에 아기를 안는 것이지만, 한밤중에는 누운 채로 아기에게 모유를 먹여도 된다.

❌ 하지 말아야 할 것: 아무렇게나 아기를 안지 마라

신생아는 목 근육이 연약하므로 고개를 들어 올릴 때 꼭 받쳐 줘야 한다. 특히 아기를 두 손으로 받쳐 안아 줄 때는 언제나 한 손으로 아기 목 아래를 받치고 있어야 한다. 태어난 지 1, 2개월이 지나면 아기는 머리를 스스로 가눌 수 있다. 하지만 한 번에 몇 분씩이나 머리를 들고 있을 수는 없을 것이다. 이때 아이의 근육을 강화하기 위해 배밀이(배를 바닥에 대고 밀면서 기어다니는)를 시키는 게 좋다. 6개월이 되면 아기는 스스로 고개를 높이 들기에 충분할 만큼 힘이 생길 것이다.

⭕ 해야 할 것: 캥거루 마더 케어를 실시하라

엄마의 자궁에서 나온 지 얼마 안된 신생아는 비좁은 환경에 익숙하다. 따라서 자궁과 비슷한 환경은 아기를 안심시킨다. 이 때문에 보통 아기를 어깨에서부터 발끝까지 포대기로 단단히 싸는 것이다. 비슷한 맥락에서 캥거루 마더 케어를 통한 맨살 접촉도 도움이 된다. 부모의 맨가슴 위에 놓이면 아기 몸의 혈류에서 코르티솔 수준이 감소되어 더 오랫동안 잠잘 수 있다. 이는 아기의 빠른 성장을 돕는다. 캥거루 마더 케어는 아기의 출생 후 6개월 동안 그 효과가 가장 높다.

❌ 하지 말아야 할 것: 신생아를 놀라게 하지 말라

아기의 탄생을 축하하기 위해 대개 많은 친구와 가족이 엄마를 찾는다. 그러나 이것은 아기에게 스트레스가 될 수 있다. 신생아는 아직 많은 사람에게 둘러싸이는 데 익숙하지 않기 때문이다. 특히 태어나서 한 달까지는 아기의 바깥 외출을 피하는 것이 가장 좋다. 또 다른 아기와 접촉하는 것을 피하는 게 좋다. 아기는 면역이 덜 발달되어 감염되기 쉽기 때문이다.

아기 울음소리 이해하기

초보 부모를 좌절시키는 주된 원인이 있다. 바로 아기의 끊임없는 울음이다. 부모는 아기가 보내는 신호를 알아차리고 아기가 무엇이 필요한지 예측해야 한다. 그래야 아기가 언제 크게 울어멜지 감을 잡고 달래 줄 수 있다.

사실 우는 것은 갓난아기가 부모와 소통하는 유일한 방법이다. 아기는 우는 것으로 불쾌감과 요구를 표현하고 부모의 주의를 끈다. 신생아는 하루 평균 1시간에서 6시간 정도를 운다. 아기의 울음은 가벼운 칭얼거림에서부터 소리를 지르거나 강한 울부짖음까지 모두 포함하는 것이다.

1. 가장 먼저 떠올릴 있는 이유는, 아기가 배고플 수 있다는 것이다

신생아는 하루에 약 6~8번 모유를 먹어야 한다. 아기가 마지막으로 먹은 지 90분에서 3시간 정도가 되었다면 배고파서 우는 것일 수 있다. 배고픈 아기는 먹을 것을 줄 때까지 거의 울음을 그치지 않는다.

모유는 각종 영양분을 포함하고 있으므로 모유를 먹이는 것이 가장 좋은 방법이다. 모유 수유 후에는 아기를 똑바로 안고 손으로 아기의 등을 어루만져 트림이 나오게 해야 한다. 그렇게 하지 않으면 아기의 배에 가스가 차서 또 한바탕 울 것이다. 의료 전문가는 아기의 첫돌이 될 때까지 모유 수유할 것을 권장한다. 모유 수유는 최소 6개월은 하는 게 좋다.

2. 기저귀가 젖어 있을 수 있다

모유를 자주 먹이는 만큼 기저귀도 자주 갈아 줘야 한다. 기저귀를 가는 빈도는 모유 먹이는 횟수와 거의 같다. 젖을 먹인 지 몇 시간 안 되어 아기가 운다면 기저귀를 확인하자. 만약 기저귀를 가는 횟수가 먹이는 횟수에 비해 적다면, 아기가 탈수되었거나 적절히 먹지 못했다는 징후일 수 있다.

3. 무언가가 귀찮을 때, 심심할 때, 지나치게 흥분할 때 운다

아이는 귀찮거나, 심심하거나, 흥분할 때 손을 내젓고 발을 차면서 칭얼거린다. 그렇게 처음에는 살짝 칭얼대면서 엄마의 주의를 끌려고 시도한다. 그런데도 관심을 받지 못했다면 울어버리는 것이다.

만약 아기의 칭얼거림으로 귀찮음과 짜증을 눈치챘다면, 먼저 아기의 주변 상황을 살펴라. 아기 주위에 너무 많은 사람이 있지는 않은지, 너무 덥지는 않은지, 아기가 입고 있는 옷이 껄끄럽지는 않은지, 이런 사항을 체크해야 한다.

4. 단순히 관심을 끌려고 울기도 한다

아기가 관심을 끌려고 우는 거라면 부모가 시야에 들어오거나 부모의 목소리가 들리자마자 방긋이 미소 짓거나 웃곤 한다. 그러므로 아기에게 사랑을 듬뿍 주고 많이 안아 주어야 하는 것이다.

아기와의 교감을 높이려면, 역시 캥거루 마더 케어만한 것이 없다. 부모가 규칙적으로 이 케어를 해 주면 아기는 더 잘 잔다고 한다.

5. 자야 할 시간임을 알릴 때도 운다

이때는 눈을 비비면서 운다. 신생아는 빠르게 성장하므로 하루에 거의 16시간은 자야 한다. 자는 동안 몸이 가장 많이 성장하기 때문이다. 아기가 잠을 충분히 자지 못하면 면역계에도 악영향을 끼칠 수 있다.

아기를 잘 재우는 방법

신생아가 규칙적인 수면 패턴을 갖기 전에 몇 달 동안은 대체로 부모가 수면 부족이 된다. 그래서 부모가 기진맥진하게 하는데 그러면 아기의 신경도 날카로워진다.

신생아는 한밤중에 여러 가지 이유로 깬다. 그러므로 아기의 수면 패턴이 부모의 수면 패턴과 다른 게 당연하다. 아기가 깨는 이유는 배가 고프거나, 탈수 상태이거나, 젖은 기저귀가 불편해서 일 수 있다. 때때로 별 이유 없이 깨기도 한다.

처음에 부모는 수면 부족을 담담히 견디려 할 것이다. 하지만 자는 동안 아이의 울음소리에 계속해서 시달리다 보면 부부 관계마저 상할 수도 있다. 낮부터 밤까지 부부가 모두 지쳐 있는 생활의 연속이기 때문이다. 이제부터 이미 이 문제를 경험한 엄마들과 수면 전문가가 말하는 조언을 소개하겠다.

1. '일찍 자면 일찍 일어난다'는 아기들에게 해당되지 않는다

먼저, 아기의 수면에 대해 흔히 하는 말이 사실인가에 대해 생각해 볼 필요가 있다. 부모는 흔히 신생아가 일찍 자면 일찍, 즉 새벽 세 시쯤 깨어나 한바탕 울 것이라 생각한다. 그러나 '일찍 자면 일찍 일어난다'는 말은 아기에게 해당되지 않는다. 아기는 늦게 잠자리에 들수록 더 피곤해하며, 지친 상태에서는 깊이 잠들기가 어렵다. 그래서 밤에 더 자주 깨게 된다. 따라서 아기를 저녁 6시에서 8시 사이에 어두운 방에서 재워야 한다. 그래야 아기가 편하게 잠잘 수 있다.

2. 낮에 모유를 자주 먹인다

아기가 낮 동안 모유를 충분히 먹으면 부모의 잠을 방해하며 밤에 조금씩 젖 먹는 습관이 없어진다. 낮에 자주 모유를 먹으면 잠자리에 들 때 배가 든든해서 한밤중에 젖 달라고 보채는 일이 줄어드는 것이다.

3. 잘 때 아기 배 위에 손을 올려놓는다

밤에 계속해서 젖을 달라는 아기는 단지 배가 고파서가 아니라 엄마의 접촉이 그립거나, 불안감을 해소하려는 것일 수 있다. 불안해서 엄마가 옆에 있다는 느낌을 필요로 하는 것이다. 이를 위한 하나의 해결책은 엄마가 아기와 함께 자는 동안 손을 아기의 배 위에 올려 놓아 엄마가 있다는 것을 알려 주고 안심시키는 것이다.

그런데 어떤 부모는 아기를 질식시킬까 두려워서 한 침대에 눕는 걸 꺼리기도 한다. 그런 경우, 아기를 침대에 누이기 직전까지만 캥거루 마더 케어를 실시하면 된다. 엄마의 휴식을 위해 아빠가 대신 아기를 안아도 된다. 아빠가 이 케어를 해 주면 아기가 잘 자게 될 뿐 아니라 가족 전체의 유대감도 커질 것이다.

4. 밤에는 아기에게 다른 모습을 보여라

밤이 되면 아기에게 반응을 달리하는 습관을 들여야 한다. 어떤 부모들은 아기의 응석을 너무 지나치게 받아 줘서 아기에게 낮과 밤의 차이를 가르치지 못한다. 부모가 밤 시간에 아기의 활동을 부추긴다면, 아기는 실제로 밤 동안에 부모의 관심을 기대하게 될 것이다.

따라서 밤 시간에는 행동 패턴을 달리해야 한다. 밤에는 아기에게 보이는 반응을 줄이는 것이다. 그렇게 함으로써 밤에는 자고 낮에는 부모의 사랑을 만끽할 수 있게 해야 한다.

5. 항상 수면 방해 요인이 있는지 살핀다

그 외에도 아기의 수면을 방해하는 게 무엇인지 살피자. 아기의 잠을 방해하는 것이 미처 모르고 있는 질병일 수도 있고 또는 껄끄러운 옷과 같은 단순한 문제일 수도 있다. 부모가 된다는 것은 각각의 상황에 맞는 창의적인 선택을 위해 정성을 기울이는 것도 포함된다. 아기 개개인의 개성이 모두 다르므로 이에 알맞게 대해야 한다.

신생아를 가진 부모의 걱정을 덜어 주기 위해 전문가의 적절한 조언을 담았다. 부모는 아기에게 일상다반사로 일어나는 일은 그냥 넘기고, 진짜 위험 신호만 가려낼 필요가 있다. 그러기 위해서는 아이 상태와 관련된 지식을 쌓아 부모 스스로 단단히 대비해야 할 것이다.

새내기 부모는 신생아에 대해 묻고 싶은 게 수없이 많다. 듣고 보면 정말 단순하고 어리석은 질문이라 할지라도, 확실한 답을 얻고 부모의 마음이 편해진다면 쓸모없는 질문이란 없다. 예를 들면 아기가 왜 그렇게 자주 한바탕씩 울어대는지에 대한 것, 아기 대변의 질감에 대한 것이다. 아마 가장 인기 있는 질문은 아기의 식습관에 대한 것일 테다. 아래는 소아과 의사에게 자주 묻는 부모의 질문과 그에 대한 답변이다.

Q. 아기들은 왜 젖을 먹을 때마다 매번 배변을 보나요? 또 변의 색깔은 왜 그린가요?

A. 신생아는 처음에 녹색이나 검정색의 변을 본다. 이는 아기가 엄마 뱃속에 있는 동안 축적된 장내 물질을 청소하는 것이므로 걱정할 필요가 없다. 이런 색의 변은 대개 담즙, 양수, 점액 및 기타 분비물로 이루어져 있다. 이것을 태변이라 한다. 모유가 공급될 때까지 처음 3일 동안 지속될 수 있다.

그런데 그런 폐기물이 배출된 후에도 변이 여전히 녹색이고 묽을 수 있다. 아기의 몸이 자궁 바깥 세상에 완전히 적응하기까지는 몇 주가 걸리기 때문이다. 일단 적응하면 변의 색은 곧 정상으로 돌아오게 된다. 하지만 단단한 음식을 먹게 될 때까지 변은 계속 묽은 상태일 것이다.

Q. 신생아는 계속 자는 줄 알았는데, 우리 아기는 왜 밤중에 깨는 걸까요?

A. 신생아는 밤과 낮을 구분하지 못한다. 아기는 그저 배가 고프거나 짜증나거나 혹은 부모가 달래 주기를 바랄 때 깰 뿐이다. 따라서 처음 몇 주는 정말 힘들겠지만 점차 아기가 부모의 생활 패턴을 따라가도록 유도할 수 있을 것이다. 이를 위해서는 낮 동안에 젖을 자주 먹이고, 아기에게 관심을 쏟으며 응석을 받아 주는 게 필요하다. 그래야 부모로부터 떨어지는 것에 대한 불안을 줄일 수 있다.

아기는 엄마 몸속에 있는 것에 익숙해져 있어서 엄마의 체취와 손길로 엄마를 알아본다. 하지만 태어나서 엄마 몸 밖으로 나오면 아기는 불안을 느끼게 된다. 이 때문에 시시때때로 엄마의 존재와 사랑을 재차 확인하고 느끼고자 자다 깨는 것이다. 이럴 때 아기에게 캥거루 마더 케어로 따뜻한 사랑을 전하는 것이 큰 도움이 될 것이다.

Q. 아기의 머리가 몸에 비해 너무 크고 이상하게 생겼어요. 이게 정상일까요?

A. 신생아의 뼈는 아직 연하고 완전히 발달되지 않은 상태다. 이는 아기가 아무 탈 없이 산도를 통해 엄마 몸 밖으로 나올 수 있어야 하기 때문

이다. 뿐만 아니라 아기의 얼굴도 약간 일그러지고 굽어져 보이며, 눌려 보일 수 있다. 이것 역시 아주 일반적인 현상이다. 아기가 산도를 쉽게 통과하기 위해 그런 것이다.

어떤 부모는 아기의 작은 몸에 비해 머리가 너무 크다고 걱정하기도 한다. 하지만 곧 아기의 몸은 머리에 비해 빠른 속도로 잘 성장하게 된다. 나중에 보면 아기의 몸이 이상적인 비율을 이루고 있을 것이다. 몇 개월만 기다리면 된다.

Q. 왜 우리 아기만 체중이 감소할까요?

A. 태어나서 처음 5일 동안, 모든 아기는 약간 체중이 줄어든다. 또 젖을 먹는 아기는 시간 간격을 두고 체중이 줄었다 느는 것처럼 보인다. 이는 아기가 몸에 축적되었던 각종 물질을 잃게 되기 때문이다. 또한 아기가 먹는 시간이 일정하지 않아도 체중에 변화가 생긴다.

아기의 생존을 위한 다섯 가지 상식

보통 아기가 태어나면 당연히 생존할 거라고 생각한다. 하지만 통계자료를 보면 작은 실수나 모르고 지나친 것 때문에 비참한 결과를 초래하기도 한다. 따라서 연약한 아기가 생애 처음 몇 주 동안 잘 지낼 수 있도록 돕는 일이 필요하다. 아기의 생명을 보장할 수 있는 다섯 가지 사항은 다음과 같다.

1. 건강한 식사하기

임산부는 자신과 아기를 위해 영양과 비타민이 충분한 식사를 해야 한다. 임신한 엄마가 건강한 식사를 하면 엄마뿐만 아니라 아기도 필수 영양소를 골고루 얻는다. 임신 중 모든 영양소가 골고루 들어간 건강한 식사는 신생아를 생존시키는 최고의 방법임이 연구를 통해 입증되었다.

2. 필수 영양소 공부하기

임산부가 섭취해야 하는 필수 비타민과 무기질이 무엇인지, 그것이 아기의 발달에 각각 어떻게 작용하는지 알아야 한다. 태아 때 각 성장 시점에서 필요로 하는 필수 영양소와 비타민을 섭취했을 경우, 신생아 사망에 대한 위험 확률은 현저히 줄어들게 된다.

예를 들어 어유fish oil는 식단에도 중요하지만, 특히 임신 기간의 마지막 1/3시점에서 아기에게 이롭다. 임산부가 어유를 섭취할 때 만들어지는 필수 아미노산은 아기의 두뇌 발달과 생존에 매우 중요하다.

3. 해로운 음식 가리기

임산부는 임신 중 어떤 음식이 안전하지 않은지를 알아야 한다. 산부의 식습관이 임신 유지에 필요한 모든 영양소와 비타민을 섭취하기에 알맞은가? 만약 그렇지 않다면 임산부의 식단을 다시 보고, 태아가 필요로 하는 비타민과 영양소를 포함한 식사 위주로 바꾸어야 할 것이다. 고지방의 당도 높은 음식은 이롭기보다는 해가 될 수 있다. 임산부가 음식을 잘못 먹는 것이 태아를 잃을 수 있는 가장 큰 이유가 된다고 한다.

4. 과도한 체중 증가 예방하기

임신 중 제중 증가는 당연하고 바람직하지민 그 한도는 있다. 영양가 없는 쓸모없는 칼로리는 원치 않는 체중만 증가시킬 뿐이다. 과도한 체중은 출산을 어렵게 할 뿐만 아니라 아기의 생명에 지장을 줄 수도 있다. 또 체중이 과하게 늘면 산모에게도 여러 문제가 일어난다. 무엇보다도 몸을 가누는 게 필요 이상으로 불편해진다. 그 외에 가쁜 숨, 피로, 요통, 임신선, 껄끄러운 치질의 원인이 될 수 있다.

5. 적당한 운동으로 튼튼한 몸 만들기

임산부는 임신 중 너무 불편해하지 말고 몸을 정상적으로 가누면서 지내도록 생활 패턴을 맞추어야 한다. 임신 중의 운동은 출산 도중 엄마가 힘을 잘 줄 수 있게 하므로 아기의 생존율을 높이는 요인이다. 엄마의 몸은 아기가 건강하게 자라고 아무 탈 없이 태어나게 하는 근간인 셈이다. 아직 뱃속의 아기가 많이 크지 않아 몸이 비교적 편할 때 적절한 운동을 해둔 예비 엄마는 나중에 '그렇게 하길 잘 했구나' 하는 생각이 들 것이다. 운동으로 강화된 근육은 출산 과정에서 허리 통증과 다리에 쥐가 나는 것을 예방하기 때문이다.

3 맨살 접촉의 힘과 모유 수유의 장점

맨살 접촉은 미숙아에게 어떤 유익이 있을까?

지속적인 맨살 접촉이나 아기를 쓰다듬고 만져 주는 것은 아기의 몸이 옥시토신을 분비하도록 돕는다. 옥시토신은 뇌하수체 호르몬으로, 아기가 긴장을 풀고 안전한 느낌을 갖게 한다. 뿐만 아니라 지속적인 맨살 접촉은 아기의 회복을 촉진하는 많은 장점을 지니고 있다. 부모의 손길이 미숙아가 살아날 확률을 높임을 보여 주는 여러 연구 결과 또한 있다.

- 맨살 접촉은 부모와 아기 사이에 특별한 유대감을 형성하게 해 준다. 아기와 몸을 접촉하면 곧 아기와의 정서적 유대로 이어진다.

- 미숙아를 부드럽게 마사지하며 얼러 주는 것은 아기의 체중 증가에 도움이 된다. 아기는 매일 출생 시 체중의 50%에 이르는 정도의 몸무게가 늘어난다.

- 아기에게 규칙적인 마사지를 해 주거나, 단순히 안아만 줘도 아기의 신진대사가 촉진된다.

> - 아이를 안심시켜 스트레스를 감소시키고 아기의 걱정을 없애거나 줄일 수 있다.
> - 아기의 회복을 촉진한다. 부모의 손길이 어떻게 아기의 면역계를 강화 시키는지를 확인하는 연구 결과가 많다.

캥거루 마더 케어, 모유 수유와 함께하세요

계속적인 신체 접촉과 더불어, 캥거루 마더 케어의 또 다른 중요한 요소는 아기에게 모유 수유만 해 주는 것이다. 모유는 특히 생후 12개월 동안의 아기에게 가장 좋은 음식이다.

캥거루 자세로 있으면서 젖을 찾아 물고 먹을 수 있게 된 아기는 규칙적으로 영양을 섭취할 수 있다. 모유에는 단백질, 탄수화물, 지방, 무기질, 소화 효소, 호르몬, 비타민이 들어 있다. 아기에게 필요한 모든 영양분이 있는 것이다. 더불어 모유에는 항체가 풍부하여 아기를 감염으로부터 예방해 준다. 모유 수유의 다른 장점은 다음과 같다.

- 아기에게 충분한 철분을 공급하여 빈혈을 예방한다.
- 아기의 습진과 같은 피부 트러블을 예방한다.
- 아기의 설사를 예방한다.
- 아기의 신진대사를 조절하고 변비를 예방한다.
- 아기의 알러지를 예방한다.
- 아기의 고혈압을 예방한다.
- 아기가 비만이나 과체중이 될 확률을 줄여 준다.
- 모유에 천연 감미제가 있어 아기의 당뇨와 충치를 방지한다.

더불어 아기가 모유로 영양을 얻는 동안 엄마도 다음과 같은 이득을 얻을 수 있다.

- 엄마의 체중이 정상으로 돌아온다.
- 엄마와 아기 사이의 유대감이 커진다.
- 산후병 및 기타 문제점 같은 위험을 감소시킨다.
- 비용이 별로 들지 않으며, 분유를 타거나 우유병을 소독하는 시간을 절약해 준다.

모유 수유는 모든 엄마가 자연스럽게 할 수 있지만, 첫 아기를 낳은 엄마들에겐 언제 어떻게 먹일까에 대한 추가적인 정보가 필요하다. 따라서 주변의 의료인에 자문을 구하거나 질문하는 것이 좋다.

4 캥거루 마더 케어와 호르몬

호르몬으로 본 캥거루 마더 케어의 장점

캥거루 마더 케어는 이제 임신 도중에 자연 분비되는 호르몬의 균형을 맞추기 위해 병원과 조산사들에 의해서 권해지고 있다. 계속해서 강조하는 이 케어의 핵심은 맨살 접촉이다. 맨살 접촉을 계속하면 좋은 호르몬이 점점 더 많이 생성되고 분비된다.

그중에서도 특히 옥시토신은 이 케어를 하는 동안 엄마와 아기 모두에게서 분비된다. 캥거루 마더 케어가 실제로 엄마와 아기 모두의 호르몬계에 좋은 영향을 미치는 것이다. 엄마와 아기 사이의 유대를 강화하기 위해 캥거루 마더 케어를 하는 이유 중 하나도 바로 이런 호르몬 때문이다.

임신 전, 임신 도중, 출산 후에 생성되는 특정 호르몬은 임신의 생리적 과정뿐만 아니라 정서적으로도 도움을 준다. 이때 옥시토신, 프로락틴과 같이 엄마와 아기의 유대감을 조장하는 특정 호르몬도 생성된다. 캥거루 마더 케어는 미숙아를 돌보기 위한 방편으로 시작되었으나 지금은 모든 신생아에게 권해지고 있다.

앞서 설명했듯이 캥거루 마더 케어는 크게 세 부분으로 이루어진다. 맨살 접촉, 모유만을 먹이는 것, 엄마와 아기 사이의 결합이 그것이다. 흥미롭게도 이 육아법은 아주 자연스러운 방식으로 엄마와 아기의 호르몬계 작용을 돕는 것이다.

맨살 접촉을 할 때 나오는 호르몬

캥거루 마더 케어를 하기 위해서는 아기 몸의 앞부분과 엄마 가슴의 맨살이 접촉되어야 한다. 계속적인 맨살 접촉은 엄마와 아기 모두 옥시토신을 지속적으로 분비하게 한다.

뇌하수체 호르몬인 '옥시토신'은 평온함과 행복감뿐만 아니라 사랑의 감정을 유발한다. 옥시토신의 생성은 분만 전에 시작되어 분만 도중에도 계속되는데, 이 호르몬은 엄마로 하여금 아기의 독특한 냄새를 감지하게 하고 이에 끌리도록 해 준다. 아기 도 스스로 호르몬을 통해 엄마에게 자신의 존재를 각인시킨다.

모유 먹일 때 나오는 호르몬

모유는 아기에게 필요한 모든 것을 공급해 준다. 아기가 젖을 빨면 엄마의 몸이 반응한다. 엄마의 몸에서는 '프로락틴'이라는 뇌하수체 호르몬이 분비되어 모유가 만들어진다. 프로락틴은 어느 정도 모성애를 자극하기도 한다. 또 계속되는 프로락틴 분비는 '아편 유사 호르몬'(opioid hormones)을 자극한다.

아편 유사 호르몬이란 우리 몸에서 나오는 아편제인 셈이다. 이 호르몬은 마치 모르핀과 같이 통증을 줄여 주고 좋은 기분을 유도하는데, 위험한 부작용은 없다. 아편 유사 호르몬은 어떤 행위에 대한 보상처럼 작용하여, 그 행위를 반복하고 싶게 만든다고 한다.

엄마의 아편 유사 호르몬은 모유를 통해 아기에게 전달된다. 그러면 엄마의 포옹과 키스를 받을 때 조건 반사로 아기 자신에도 이 아편 유사 호르몬이 분비된다.

또한 모유 수유를 일찍 시작하면 엄마와 아기의 옥시토신 분비가 왕성해진다. 그대로 계속해서 모유만 먹인다면 옥시토신의 높은 분비량이 유지된다. 아기도 스스로 옥시토신을 생성하지만 모유 수유를 통해 엄마로부터 일부를 얻는 것이다.

계속되는 맨살 접촉과 모유만 수유하는 것이 병행하면 옥시토신의 지속적인 공급이 엄마의 두뇌에 큰 변화를 가져다 준다. 모성 본능이 단단히 자리 잡히는 것이다. 이러한 엄마의 모성 본능은 실제로 아기뿐만 아니라 주위의 다른 사람에게까지 영향을 미친다. 더군다나 프로락틴이 지속적으로 공급되면 모성애가 더욱 확고해진다.

또한 모유 수유를 하는 엄마에게는 스트레스 호르몬인 코르티솔의 생성이 줄어든다. 아기의 경우는 옥시토신의 지속적인 공급이 스트레스 호르몬의 생성을 저하시키고, 스트레스를 다루는 두뇌 부분의 조직에도 도움을 준다. 더불어 엄마와 아기 모두 평생 지속될 유대감이 쌓이므로, 평온하고 친밀한 기분을 만끽할 수 있다.

엄마와 아기의 결합과 관련된 호르몬

엄마와 아기 둘 중 한 명이 의료적 조치가 필요할 때 둘을 떼어 놓지 않는 것을 '엄마와 아기의 결합'이라고 말한다. 어떤 종류의 헤어짐이라도, 엄마와 아기가 떨어지면 스트레스가 유발된다. 즉, 코르티솔과 같은 스트레스 관련된 호르몬이 분비된다. 그런 스트레스 호르몬에 오래 노출되는 것은 엄마와 아기의 건강에 악영향을 미칠 수밖에 없다. 더군다나 엄마와 아기가 이미 건강상에 문제가 있다면 둘을 떼어 놓는 것은 상황을 더 악화시킬 뿐이다.

그래서 캥거루 마더 케어의 실시는 엄마와 아기의 호르몬계 작용을 돕는 것이다. 즉, 이 케어는 현재뿐만 아니라 장기적으로 봤을 때 엄마와 아기 모두에게 신체적, 정서적 유익을 가져다 줄 것이다.

임신·출산 호르몬 기초 상식

사람들은 모두 호르몬의 영향을 받고 산다. 몸 안의 호르몬 상호작용은 신체 및 정서를 변화시킨다. 하지만 평소 이것에 대해 별로 의식하지 못한다. 그러므로 이런 호르몬에 대해서 알아보는 것은 의미가 있다.

특히 임신 도중과 출산 직후에 영향을 주는 호르몬들에 대해 알아둘 필요가 있다. 새내기 엄마가 호르몬이 어떨 때 분비되고 어떻게 작용하는지를 이해한다면, 임신 단계에서 접하게 될 변화에 좀 더 잘 대처할 수 있다. 무엇이 특정 호르몬을 유발하는지 알아두면 엄마들이 앞으로 겪을 증상들을 더 인지하기 쉬울 것이다.

호르몬은 한마디로, 신체의 화학적 메신저다. 호르몬이라는 명명은

'자극' 또는 '추진력'을 의미하는 그리스어 단어에서 유래된 것이다. 그 뜻처럼 호르몬은 많은 신체 활동을 추진하는 역할을 한다. 생식, 임신, 출산, 모성애에 있어서도 큰 부분을 차지한다.

1. 에스트로겐 : 여성의 신체에서 발전소 같은 역할을 하는 호르몬이다. 에스트로겐은 여성으로 하여금 부드러운 피부, 적은 체모, 넓은 엉덩이, 더 많은 체지방, 유방을 갖게 한다. 또 여성의 자궁이 임신을 할 수 있도록 만반의 준비를 갖추고, 임신이 아닌 경우에 월경을 조절한다. 그런데 일단 임신을 하게 되면 에스트로겐의 작용이 최고조에 달한다. 다른 호르몬을 생성시키고 아기를 위해 자궁 내벽을 온전하게 유지시키는 작용을 한다. 또한 혈류를 증가시키고 가슴도 크게 만든다. 자궁에 있는 아기에게는 건강한 신체 기관과 튼튼한 팔, 다리 골격이 발달되도록 돕는다.

2. 인간 융모성 생식샘 자극 호르몬(HCG) : 이 호르몬은 가정용 임신 검사 시약의 색을 바꿔 임신이 되었음을 알리는 요인이 된다. 임신 초기 3개월 동안 심한 메스꺼움을 주는 역할도 한다. 임산부 임신 초기의 잦은 배뇨, 몸의 면역 저하도 이 호르몬에 의한 것이다. 이런 면역 저하는 사실 유익한 것인데, 엄마의 몸이 아기를 거부하지 않고 안착시키는 기능을 하기 때문이다. 하지만 이 때문에 임신 중 감기에 자주 걸릴 수도 있다.

3. 코르티솔 : 스트레스를 받으면 생성되는 호르몬이다. 임신 중의 스트레스도 이 호르몬을 분비시킨다. 하지만 코르티솔이 항상 안 좋은 것만은 아니다. 이 호르몬은 신체 내 나트륨이 필요할 때 이를 잃지 않도록 해 준다. 단기 기억력을 향상시키고 간의 독소 제거를 돕기도 한다. 또한 염증을 감소시키고 손상된 조직의 회복에 기여할 뿐 아니라 아기의 폐 발달에도 도움이 된다. 하지만 안타깝게도 코르티솔은 혈당, 혈압, 뼈 밀도, 면역 반응 및 소위 '기분 좋은' 호르몬인 세로토닌의 형성에 나쁜 영향을 줄 수도 있다.

4. 프로게스테론 : 프로게스테론은 임산부의 몸을 힘들게 하지만, 뱃속의 아기에게는 큰 도움을 준다. 이 호르몬은 릴랙신relaxin이라 불리는 다른 호르몬을 도와 근육을 부드럽게 이완시킨다. 아기를 위해 자궁을 넓히는 것이다. 단점은 임산부에게 부종, 가슴 통증, 변비 등을 초래시킬 수 있다는 것이다. 이외에도 프로게스테론은 연골을 부드럽게 하고, 땀의 분비를 증가시키며, 잇몸 출혈과 여드름의 원인이 되기도 한다.

5. 옥시토신 : 옥시토신은 강한 근육 수축 호르몬이다. 아기를 낳을 때 자궁 수축을 일으키고, 출산 후에는 자궁을 다시 임신 가능한 크기로 되돌린다. 옥시토신은 유선의 수축을 일으켜 아기를 위한 모유를 분비시키는 역할도 한다.

6. 프로락틴과 그 외의 호르몬 : 프로락틴은 모유를 생성한다. 어떤 경

우에는 모발을 무분별하게 자라게 하는 원인이 되기도 한다. 그 외의 임신 중에 작용하는 호르몬들은 적혈구와 뼈를 형성하고, 임산부의 산소 사용량을 증가시키며, 아기의 성장 및 중추 신경계의 발달을 자극한다. 또 어떤 호르몬은 수분 보유, 부종, 임신선, 피부 변색의 원인이 된다.

임산부의 심신에 안 좋은 영향을 끼치는 주범 호르몬도 있다. 하지만 소중한 아기가 품에 안길 때, 이런 문제는 전혀 개의치 않게 될 것이다.

이렇듯 캥거루 마더 케어 요법은 엄마와 아기의 스트레스를 감소시킨다. 덕분에 나쁜 호르몬의 생성이 줄어들고, 좋은 호르몬의 생성은 늘어난다. 그렇게 엄마와 아기를 더 행복하고 건강하게 만들어 주는 것이다.

호르몬은 아빠에게도 작용한다!

일부 새내기 엄마는 임신·출산과 관련된 산후우울증Postnatal Depression 이라는 우울증의 증상 단계를 거친다. 그런데 이런 비슷한 우울 증세가 아빠에게도 나타날 수 있다는 것을 알아둘 필요가 있다. 엄마와 마찬가지로 아빠도 임신·출산과 관련해서 체내 각종 호르몬에 변화가 생기는 것이다.

연구 결과에 따르면, 어떤 경우에는 산후우울증 증상을 아빠도 똑같이 경험하는 것으로 나타났다. 산후우울증은 더 이상 여자에게만 나타나는 문제가 아니라 전체 가족에 영향을 줄 수 있다는 것이다.

임신 전과 출산 후 여성의 호르몬 변화, 그 동일한 호르몬이 아기에게 미치는 영향에 관해서는 보고된 바가 많다. 그러나 일반적으로 남성과 관련된 호르몬을 생각해 볼 때는 보통 한 가지만 떠오른다. 바로 테스토스테론이다. 잘 알려져 있듯이 테스토스테론은 남자의 일생에 걸쳐 중대한 역할을 한다. 그런데 임신, 아기의 탄생, 가족 결합의 시기에 이르면 아빠도 호르몬 변화를 경험하는 것이다.

'사랑의 호르몬'이라 불리기도 하는 옥시토신은 사랑하는 두 사람의 성행위 도중에 분비된다. 그런데 아빠가 될 거라는 사실을 깨닫고, 이것이 점점 현실로 다가오면 아빠의 몸에는 스트레스 호르몬인 코르티솔이 분비된다고 한다. 그래서 몇몇 예비 아빠는 곧 다가올 일에 대해 공황과 비슷한 심정까지 느끼기도 한다. 아기의 출생 시간이 가까워지면, 테스토스테론 수준이 감소하고 프로락틴, 옥시토신, 바소프레신은 증가하게 된다. 이런 호르몬 분비 변화로 아빠는 자신의 집과 아내의 근처에 더 가까이 있고 싶어지는 것이다.

정확히 왜 이런 변화가 일어나는지는 아무도 알 수 없다. 어떤 이는 이것이 피부에 의해 생성되어 미묘한 냄새를 발산하는 페로몬과 관계가 있을 거라고 생각한다. 즉, 엄마의 페로몬 변화를 아빠가 무의식중에 감지하여 스스로 남성 호르몬 균형을 변화시킨다는 말이다. 이는 다시 남성으로 하여금 호르몬 변화에 인한 페로몬을 방출하게 한다. 이번에는 엄마가 이를 감지하고는 더 많은 프로락틴을 생성함으로써 모유의 분비를 활발히 하고 모성 본능도 키우게 되는 것이다. 이런 식으로 자연의 섭리는 앞으로 다가올 일에 대해 엄마와 아빠 모두 준비시킨다.

아빠가 아기와 함께 많은 시간을 보낼수록 더 많은 옥시토신이 분비된다. 이 호르몬은 아빠가 아기와 더욱 오래 같이 있도록 장려하는 것이다. 뿐만 아니라 옥시토신은 아빠가 아기 엄마와도 더 많은 시간을 함께하고 싶게 하는데, 성적인 것을 의미하는 것은 아니다. 바소프레신이라는 호르몬이 아빠의 두뇌를 재구성하여 부성애를 갖게 만드는 것이다. 즉, 바소프레신은 아빠가 집에 머물면서 자신의 가족을 돌보고 지키고 싶게 만든다. 이런 이유로 바소프레신은 종종 '일부일처 호르몬'이라고도 불린다.

또한 아기와의 계속되는 접촉은 아빠에 프로락틴을 지속적으로 생성되게 한다. 프로락틴이 계속 분비되면, 아편 유사 호르몬도 자극된다. 이 아편 유사 호르몬은 아빠로 하여금 부모와 아기로 구성된 사랑스런 가족 단위의 일부가 되고자 하는 욕구를 불러일으킨다.

그 외에 옥시토신은 혈압과 심장 박동 수를 낮추는 데 도움을 주고, 심지어 심장병을 예방하는 데도 유익하다.

캥거루 마더 케어는 대개 엄마와 아기 간의 유대감에 초점을 맞추고 있다. 하지만 그렇다고 아빠가 이 케어에서 소외되는 것이 아니다. 아빠와 아기 사이의 맨살 접촉도 두 사람 모두에 중요한 유대 호르몬을 분비시켜 유익을 준다.

미숙아거나 쌍둥이 아기라면, 맨살로 안고 다니게끔 고안된 '캥거 캐리어 셔츠^{Kanga Carrier Shirt}' 같은 것을 아빠가 착용하면 된다. 이 셔츠를 입으면 옥시토신 분비를 증가시키는 방식으로 이 케어를 해 주기가 쉽다. 이렇게 아빠가 아기와 맨살 접촉을 지속함으로써 '사랑의 호르몬'인 옥시토신의 분비가 증가한다. 따라서 아빠는 아기의 생존 확률을 높일 뿐만 아니라 아기와의 유대감도 강화하는 것이다.

유대감은 호르몬에 어떤 영향을 주는가?

옥시토신이건 프로락틴이건, 각각의 호르몬은 출산 직후 엄마와 아기가 친해지는 데 영향을 미친다. 사실 이 두 호르몬의 조합만으로도 엄마와 아기 사이에 넘치는 애정을 경험할 수 있다. 프로락틴이 새내기 엄마의 모유 생성을 책임지는 동안, 옥시토신은 모유 수유보다는 진통할 때의 수축과 모유 수유 시 근육 수축을 담당한다. 이렇게 조합된 두 호르몬은 엄마와 신생아 사이의 자연스러운 유대감을 강화하는 방식으로 작용하게 된다. 그래서 엄마는 아기에 대한 지극한 사랑의 감정을 경험하게 되는 것이다.

유대감과 호르몬의 관계는, 말하자면 '닭이 먼저냐 달걀이 먼저냐'는 문제와 같다. 특정 호르몬의 분비가 엄마와 아기 사이의 유대에 영향을 주는 것일까, 아니면 엄마와 아기 사이의 유대감이 특정 호르몬의 분비에 영향을 주는 것일까? 사실은 둘 다 맞다는 게 정답이다.

프로락틴 호르몬은 젖을 돌게 하면서 모성애를 증가시키고, 젖을 먹이는 엄마를 진정시키는 효과도 있다. 진통 시의 수축과 모유 수유에 필요한 근육의 수축을 일으키는 호르몬인 옥시토신도 사랑의 감정을 유도한다. 옥시토신의 지속적인 분비는 엄마 두뇌의 특정 신경 구조를 영구적으로 변화시켜 모성 본능이 영원하도록 해 준다.

출산 전에는 탯줄을 통해서, 출산 도중엔 산도에서, 나중에는 모유 수유로, 아기는 옥시토신을 포함한 호르몬을 엄마로부터 받는다. 그리고 아기를 안아 주고 젖을 물리는 것은 아기 스스로 옥시토신을 생성하게 도와준다. 옥시토신 분비가 한층 증가하면 아기는 엄마와 더욱 긴밀한 관계를 맺게 된다. 따라서 엄마와 아기 사이에 접촉이 길어질수록 좋을 수밖에 없다.

유대감은 엄마와 아기 모두에게 장기적인 효과를 준다. 우선 혈압과 심장 박동 수를 낮추고, 어떤 경우에는 일부 동맥의 손상을 회복시킬 수도 있다. 또 아기가 갓 태어나서 하는 경험은 두뇌 시냅스의 조직과 호르몬 조절계에도 영향을 준다. 나아가 이러한 초기 호르몬의 생성과 상호 교환이 아기의 두뇌 발달과 신경계에 영향을 미치는 것이다.

옥시토신의 분비는 아기의 두뇌가 스트레스를 다루는 능력을 키우는 것과 깊은 관련이 있다. 달리 말하면, 아기와 엄마 사이 유대감 형성의 과정과 이에 관련된 호르몬의 분비는 이후의 아기 두뇌 기능에 막대한 도움을 주는 것이다. 엄마와 아기와의 유대는 호르몬을 분비시키고 이것이 두뇌에 영향을 주어 아기가 타인과 관계를 맺는 데도 관여한다고 볼 수 있다.

또한 프로락틴과 옥시토신은 엔도르핀 및 아편 유사 호르몬과 같은 제3의 유형의 호르몬의 분비를 촉진한다. 이들은 소위 '기분 좋은' 호르몬이라 불리는데 행복감은 늘리고 고통은 줄여 준다. 예를 들어 아기에게 젖을 주는 것은 엄마의 엔드로핀 분비를 촉진시켜, 엄마로 하여금 그런 경험을 계속 원하도록 유도한다.

이런 감정은 아기도 마찬가지다. 아기는 단지 배가 고파서 엄마의 가슴을 찾는 것이 아니라, 엄마 품에 파고들고 안기는 데서 오는 좋은 기분을 느끼고 싶은 것이다.

이렇듯 호르몬의 분비는 엄마와 아기 사이의 유대감과 긴밀한 연관이 있다. 이런 유대감은 동일한 호르몬의 지속적인 생성을 유발한다. 앞서도 밝혔듯이 캥거루 마더 케어라는 간단한 케어가 호르몬의 생성을 증가시키고, 이것이 다시 엄마와 아기 사이의 유대를 강화한다. 강화된 유대감은 또 호르몬의 생성을 증강시킨다. 이 끊임없는 과정이 반복된다. 이런 과정을 통해 엄마와 아기 모두는 바람직한, 어쩌면 평생 계속될 놀라운 효과를 경험할 수 있는 것이다.

5 내 아기가 미숙아로 태어났다면?

점점 늘어나는 미숙아

미숙아 출산은 전 세계적으로 증가하고 있다. 그 이유는 광범위하고 매우 다양하다. 미숙아 출산에 대한 전 세계의 통계는 현재 존재하지 않는다. 그러나 세계보건기구에서 발표한 미국, 영국 및 스칸디나비아 국가의 미숙아 출산 통계는 지난 20년 동안 미숙아 출산이 현저하게 증가했음을 밝히고 있다. 미국에서는 놀랍게도 매년 50만 명의 아기가 미숙아로 태어난다. 이렇게 태어난 미숙아는 심각한 생명의 위협을 받는다. 아기의 부모는 끊임없는 걱정 속에서 행여 아기가 다칠까 봐 만지거나 안아 주는 것마저 꺼리게 된다.

미숙아를 살리는 놀라운 옛 육아법

조산은 세계적으로 태아 사망 및 신생아 사망의 주된 원인이다. 예전에는 임신 기간의 2/3를 못 채우고 태어난 아기는 거의 살지 못했다. 그런데 조산으로 태어난 아기들을 살리기 위해 수대에 걸쳐 엄마들이 실시한 육아법이 신생아 생존율을 높여 온 것으로 밝혀졌다.

다행히 신생아 생존은 캥거루 마더 케어라 알려진 육아법과 미숙아를 위한 의료기술의 발달 덕에 그 어느 때보다도 전망이 밝다.

산모의 임신기간이 2/3를 지났다면 아기가 살 확률은 거의 80%만큼 증가한다. 그럼에도 불구하고 해결하지 못하는 여러 가지 문제가 있는데, 이는 자연적인 육아법으로 해결함으로써 유아 생존율을 15% 이상 더 높일 수 있다. 즉, 이 책에서 소개한 육아법은 95%의 신생아 생존율을 위해 모든 예비 엄마들이 알아야 한다.

최소 몇 주째에 태어나야 살 수 있을까

태아는 대략 임신 24주가 되면 조산되더라도 생존이 가능하다. 미숙아가 이 시점을 넘겨 태어나면 대부분 의료 기관은 아기를 살리기 위해 특별 의료 수단을 동원한다. 즉, 24주를 넘긴 신생아의 생존율은 다양한 의료적 개입, 시설이 잘 갖추어진 신생아 집중치료실의 여부에 달린 것이다.

26주 이전에 태어난 아기는 합병증이 생길 위험이 매우 크다. 사실 상 대부분의 의사는 24주 후에 태어난 아기의 경우에만 생존이 가능하다는 데 동의하는 입장이다. 이 2주라는 짧은 시간이 아기의 앞날에 막대한 차이를 가져오는 것이다. 미숙아가 28주를 넘긴다면 생존의 확률은 한층 더 높아진다. 신생아 생존율은 아기가 자궁에서 보내는 시간이 하루씩 늘어날 때마다 3~4%가 증가하는 것으로 관찰되었다. 이렇듯 단 1주라도 엄마의 자궁에 더 있는 것이 아기의 생사 갈림길을 결정할 수 있는 것이다.

신생아 생존율에 영향을 끼치는 요인

아기가 미숙아로 태어날 예정이라면 임신 중 태아가 위험한 시점은 넘겼는지를 판단하기 위해 고려할 사항이 있다. 이런 사항은 아기가 태어날 때의 체중, 임신 도중 아기가 공급 받는 산소의 양, 출생의 시점, 아기 폐의 더딘 발달 같은 것이다. 아기의 생존을 돕기 위해 출산 시 의료 기관이 신경 써야 할 요인이 많은 것이다.

출생 시 아기의 체중이 가벼울수록 건강 문제나 출생 상의 결함이 생길 위험이 크다. 또한 미숙아로 태어난 쌍둥이보다는 혼자 태어난 아기가 생존할 확률이 더 높다. 더불어 미숙아가 태반으로 받는 혈액을 통해 스테로이드를 공급받을 경우 생존율이 높아진다는 것이 연구에 의해 밝혀졌다. 엄마에게 산전에 스테로이드를 주사해서 자궁 속의 아기가 받게 되는 것이다.

미숙아를 돌본다는 것은 엄청난 의무다. 따라서 부모는 자신의 소중한 아기가 살 확률을 높이기 위해 스스로 무엇을 할 수 있는지 알아둘 필요가 있다. 관련 서적과 전자책을 읽어 두는 게 도움이 될 것이다.

미숙아 생존율 Q&A

흔히 사람들은 미숙아가 태어나는 원인에 대해 많은 의문을 가진다. 우선 미숙아로 태어난다는 것이 무슨 뜻인지 모른다. 게다가 미숙아가 태어나는 원인이나 미숙아를 낳게 되었을 때 어떻게 해야 할지는 더욱 알지 못한다. 그래서 전문가에게 자주 묻는 질문에 대한 답을 여기에 마련해 놓았다.

Q. '미숙아'란 정확히 어떤 아기죠?

A. 정상적인 임신 기간은 여성의 마지막 생리일부터 40주 동안 진행된다. 임신 37주가 되기 전에 태어난 아기를 모두 미숙아라 한다. 이 기간 이전에 태어난 아기는 발달이 미약하고, 생명에도 위협을 받는다.

Q. 미숙아 출산의 원인은 무엇인가요?

A. 미숙아 출산은 일반적으로 때 이른 진통에 의해 일어난다. 때 이른 진통의 원인은 다음을 포함한 여러 가지로 볼 수 있다.

- 자궁의 이상
- 감염
- 만성 질환
- 음주
- 약물 사용
- 신체적 스트레스에 대한 노출
- 체중 미달
- 호르몬 불균형
- 부실한 식사
- 흡연

위의 항목 중, 특히 스트레스가 때 이른 진통의 주된 이유다. 실제로 과학자들은 스트레스가 신생아 생존율에 영향을 미친다는 것을 밝혀냈다.

 조산을 예방하는 것이 가능한가요?

A. 엄마가 조산을 피하기 위해 할 수 있는 유일한 것은 음주나 약물의 사용을 피하는 것이다. 또한 스트레스를 받지 않기 위해 노력하는 것도 매우 중요하다. 감염도 조기에 발견되었다면 치료가 가능하다. 의사들은 일반적으로 임산부가 감염되었을 경우에 위험이 높은 케이스인지를 검진한 뒤, 조산을 사전에 방지하기 위한 방법을 권해 주고 있다.

Q. 미숙아는 어떤 위험에 처하나요?

A. 미숙아는 많은 위험에 직면하지만, 이는 태어난 시기 및 체중에 따라 차이가 있다. 미숙아의 생존율에 영향을 미치는 것은 다음과 같다.

· 스스로 호흡할 수 있는 능력
· 체중
· 출생 시 합병증
· 임신 기간

생존 확률 높이기

미숙아는 신체 기능 발달이 완전하지 않기 때문에 특수 간호를 필요로 한다. 그래서 안전한 공간과 따뜻함을 제공하는 신생아 집중치료실로 보내져 적절한 검진을 받으며 관찰된다. 그런데 아기의 부모는 각종 튜브와 의료기기에 엉켜 있는 자신의 핏덩이를 보고 충격을 받기도 한다. 이런 정신적 충격은 부모가 아기와 함께할 수 없다는 사실에 더해져

복합적인 심정을 유발한다. 아기 또한 낯선 환경에 처하기 때문에 스트
레스 호르몬이 많이 분비된다. 이것이 결국 아기의 건강에 악영향을 미
치게 되는 것이다.

따라서 요즘 주목받는 새로운 트렌드는 아기에게 캥거루 마더 케어를
해 주는 것이다. 이 케어가 미숙아를 살리는 데 큰 도움이 된다는 사실
은 이미 확인되었다. 연구를 통해 엄마의 손길은 아기를 돌보는 힘을 지
니고 있다는 게 밝혀졌다. 아기는 엄마의 자궁 안에서 수개월을 지낸 경
험으로 엄마의 손길을 본능적으로 감지한다는 것이다.

미숙아가 겪는 어려움을 덜기 위한 몇 가지 권장 사항

· 미숙아가 탈수되지 않게 하기 위해 물을 하루에 8~10번 정도 먹여야
  한다. 아기의 기저귀를 하루에 6~8번 정도 갈아 준다면, 그것은 아기가
  적절한 영양 섭취를 받고 있음을 의미한다. 더불어 아기의 체중이 그대
  로이나 감소되지 않고 점점 늘고 있는지를 확인하기 위해 지속적인 관
  찰이 필요하다.

· 미숙아는 정상아보다 감염에 취약하기 때문에 독감 백신을 추가로 처
  방해 주기도 한다. 하지만 대부분 정상적인 신생아와 같은 시기에 예방
  접종을 할 수 있다. 의사는 아기가 가족으로부터 감염될 가능성에 대비
  하여 온 가족이 독감 접종을 받을 것을 권한다. 미숙아는 정상적인 임
  신 기간 중에 얻어야 할 것을 완전히 얻지 못하였기에 그것을 위해 어떤
  것이 특별히 보완되도록 권장된다.

미숙아에게 생길 수 있는 합병증

미숙아는 호흡기 질병에 이르는 많은 합병증에 걸릴 위험에 처해 있다. 면역 기능이 약한 게 그 가장 큰 이유다. 따라서 건강한 아이로 성장하기 위해 특별한 간호가 필요하다. 특히 저체중으로 태어난 경우는 2년에 걸친 특별한 관심이 필요하다. 여기에 세심한 정성이 더해진다면 미숙아가 겪는 대부분의 문제는 해결이 가능하다.

미숙아는 미약한 신체 기능 발달로 인한 일부 합병증을 겪기도 한다. 예를 들어 임신 30주 이내에 태어난 아기는 폐가 충분히 발달되지 않아서 호흡 곤란 증후군이 잘 생긴다. 치료는 인공폐표면 활성제를 투여하고, 그동안 아기는 인공호흡기에 호흡을 의존한다. 이때 무호흡증이나 신생아가 숨 쉬는 걸 멈추는 것 같은 상태가 되는지를 계속 관찰해야 한다. 이 질환은 미숙아에게 나타나는 가장 흔한 폐질환이다.

혈액 내 영양 결핍으로 약화된 아기의 면역 체계 때문에 질병과 감염의 우려를 증가시킬 수 있다. 미숙아는 정상아보다 독감에 걸리기 더 쉽다. 따라서 감염으로부터 보호하기 위해 예방접종을 권장한다. 그러나 독감이 전부는 아니다. 혈액 속의 낮은 철분 농도가 빈혈을 초래할 수도 있다. 빈혈인 아기는 더 약하고, 발달에도 방해를 받는다. 다행히 빈혈은 아기가 약 2살이 될 때까지 철분 보충제를 먹음으로써 비교적 쉽게 해결할 수 있다.

미숙아에게는 시력과 청력 문제도 존재할 수 있다. 가장 일반적인 것은 사시인데, 이는 시력이 손상되지는 않지만 보기에 좋지 않을 수 있다. 하지만 대부분의 미숙아는 몸이 건강해지면 몇 년 뒤에 스스로 회복하게 된다. 때때로 미숙아 망막증으로 알려진 눈병이 아기의 시력을 위협하는데, 적시에 치료하면 이 증상도 미연에 방지할 수 있다.

아기가 시끄러운 소음이나 부모의 목소리에 잘 반응하지 않는다고 여겨진다면 반드시 이비인후과 의사의 자문을 받고, 아기의 청력을 검사해야 한다.

그 외에도 아기가 걸리기 쉬운 합병증이 있는데 이것은 아기마다 다를 수 있다. 일반적으로는 아기가 일찍 태어날수록 모든 것의 발달 시간이 불충분해서 합병증으로 고생할 확률이 높다.

그런데 다행히도 의사들이 인정하는 쉬운 요법이 있다. 캥거루 마더 케어로 얻게 되는 친밀감은 성장 호르몬의 생성을 자극하고, 스트레스 호르몬인 독성의 코르티솔은 억제해 준다. 또한 미숙아가 신체적 장애와 함께 힘겨운 삶을 살게 될 거라는 보편적인 생각과는 달리, 어려움을 극복하고 건강한 어른으로 성장한 아이들의 기적적인 이야기가 수없이 많다.

조산은 엄마 탓이 아닙니다

많은 여성이 미숙아를 낳은 것은 자기의 잘못인 것 같다고 생각하는 경향이 있다. 하지만 그것은 사실무근이다. 엄마가 위험군에 속하지 않았다면 미숙아를 낳은 것이 엄마의 잘못은 아니다. 캥거루 마더 케어는 이렇게 죄책감에 시달리는 엄마들에게 자신의 아기에게 무언가를 해 줄 수 있는 기회가 된다.

미숙아의 엄마는 미숙아가 겪는 불행에 대해 자신에게 비난을 돌리는 경향이 있다. 이런 생각은 이미 고통스러운 자기 자신을 모든 상황으로부터 더욱 고립시킬 뿐이다. 전혀 자신의 잘못이 아닌데도 말이다. 사실 아기는 여러 가지 이유로 조산되며, 그중 엄마의 책임에 해당되는 것은 흡연, 음주 또는 특정 약물의 복용 정도다. 이외의 이유는 임산부가 인위적으로 결정할 수 없는 것이다.

앞서 말했듯이 미숙아는 임신 37주 이전에 태어나며, 더 일찍 태어날수록 아기의 상태가 더 심각하다. 미숙아는 신체 기관이 덜 발달했고 덥고 추운 것 등의 외부 요소를 견딜 능력이 없기 때문이다.

이러한 이유로 미숙아를 인큐베이터에 넣고, 살아있음을 나타내는 징후를 계속 관찰해야 하는 것이다. 특수 병동에서 일반적으로 이러한 아기들만을 전문적으로 돌보는데, 이를 전문용어로 '신생아 집중치료실(NICU)'이라 한다. 이 부서의 의사와 간호사는 미숙아를 돌보도록 전문적으로 훈련되어 있다. 미숙아는 예민하기 때문에 적어도 처음 몇 달 동안은 전문화된 간호를 필요로 하는 것이다.

하지만 신생아 집중치료실에 있는 신생아를 보는 것은 매우 고통스러운 경험이다. 자신의 아기를 바라보는 부모는 종종 가슴이 무너지는 심정을 겪는다. 게다가 부모에게 아기를 안지 못하게 하는 것은 이런 상처에 소금을 문지르는 격이다.

그러나 미숙아로서의 출발이 힘들었을지라도 이 힘든 생활이 미래에도 계속 이어지는 것은 절대 아니다. 출생 후 처음 몇 시간 또는 며칠 동안의 선택이 앞으로의 미숙아 운명에 중요한 영향을 끼치므로 엄마는 준비를 철저히 해야 한다.

맨살 접촉의 유익함

미숙아에게는 부모의 손길이 반드시 필요하다. 많은 연구 결과는 미숙아와 부모 사이의 '맨살 접촉'이 아기의 치유와 빠른 성장을 촉진함을 보여 주고 있다.

맨살 접촉은 아기가 자연스럽게 보호와 영양 공급을 받는 것과 동시에 부모와 애착을 형성하도록 한다. 부모가 아니라도 이 케어를 해 줄 수 있지만 보통 부모가 이 케어를 해 주도록 권장한다. 이 케어가 아기와의 유대와 애착을 형성하도록 하기 때문이다.

엄마가 이 케어를 해 줄 때, 아기는 엄마의 두 젖가슴 사이에 파고든 상태에서 배를 대고 엎드리게 된다. 이때 아기의 한쪽 귀는 부모의 심장 박동 소리를 향한다. 그러면 아기는 부모의 심장 박동 소리를 들으면서 본능적으로 이를 따라한다. 아기의 심장 박동과 호흡은 곧 일정한 패턴을 유지한다. 그렇게 안정되며 조금씩 삶의 기운을 되찾는 것이다. 부모의 신체에서 발생되는 열은 아기를 따뜻하게 유지해 주고, 아기의 체온 조절을 도와준다.

맨살 섭촉은 또 다른 징점이 있디. 이기는 엄마의 비좁은 자궁 속에 있는 동안 엄마의 목소리와 냄새를 감지할 수 있게 된다. 그래서 엄마 몸에 누이면, 친숙함을 느끼면서 건강 상태가 호전되는 것이다.

더불어 스트레스 호르몬이 감소되고 발육이 진행된다. 또한 엄마의 가슴 위에 오랫동안 놓여 있기 때문에 모유를 먹는 것이 유도된다. 그래서 아기가 모유를 먹는 동안 양질의 영양을 공급받고 면역 체계가 더 향상되는 것이다.

초보 엄마와 아빠를 위한 미숙아 출산 정보

누구도 임신 기간에 자신이 미숙아를 낳을 거라고 생각하진 않겠지만, 사실 평범한 여성에게 조산이 일어나고 있다. 따라서 미리 미숙아의 출산을 방지하고, 만일 조산할 경우 부모가 할 수 있는 일은 무엇인지 익히자.

조산을 방지하는 방법

조산을 일으키는 데는 몇 가지 위험 요인이 있다. 이러한 위험 요인을 알고 피하는 것은 건강한 정상 분만을 이끄는 데 도움이 된다. 위험 요인은 크게 두 가지 종류로 나뉜다. 하나는 산모가 통제할 수 있는 것이고, 다른 하나는 통제가 불가능한 것이다.

산모가 통제할 수 있는 위험 요인

영양 부족 : 산모는 체중 증가를 위해 영양가 있는 음식을 섭취해야 한다. '임신 중 몸매를 유지하자'는 것은 터무니없는 얘기다. 아기가 좋은 영양을 얻고, 체중이 느는 것이 우선이다. 산모의 영양 부족은 아기가 적절한 체중으로 태어나지 못하는 것으로 이어진다. 산모가 제대로 먹지 못하면 자신의 몸도 지탱하기 힘들 뿐 아니라, 뱃속의 아기도 성장을 유지하기 힘들기 때문에 미숙아 출산이 초래되는 것이다.

흡연과 마약의 사용 : 도움을 받아서 당장 중단하는 것이 좋다.

산모가 통제할 수 없는 위험 요인

· **과거 조산의 경험 :** 즉, 먼젓번 아이도 미숙아로 태어난 경험

· **다둥이 :** 쌍둥이, 세쌍둥이, 네쌍둥이 등

· 태반 출혈

· 너무 많거나, 너무 적은 양수

· 근종

· 불임 치료를 받는 도중의 급작스런 임신

· 태아의 출생 결함

산모가 통제할 수 없는 위험 요인에 대하여 걱정하고 있다면 주치의와 상의할 필요가 있다. 건강한 산모와 아이를 위한 최선의 방법은 건강한 상태에서 임신하는 것이다. 가능히먼 신선한 유기농 음식을 먹고 신체적으로 건강한 상태를 유지해야 한다. 삶의 전반에 있어 정신적으로 평온한 상태를 유지하는 것도 중요하다.

미숙아를 낳았을 때 어떻게 할 것인가?

만약 미숙아를 낳았더라도 절망할 필요는 없다. 미숙아로 태어났다고 해서 모두 나쁜 것은 아니니까 말이다. 아기가 스스로 호흡을 하고

태어날 때 체중이 나쁘지 않다면 좋은 징조다. 아기를 따뜻한 신생아 집중치료실에 두고, 때에 따라 부모가 캥거루 마더 케어로 인간 인큐베이터 역할을 해 주면 된다.

아기 상태의 안정된 정도에 따라 의사가 아기에게 약을 처방하거나 튜브를 삽입할 수도 있다. 또 산소 공급이 필요한 경우도 있다.

부모는 아기가 태어나기 전에 캥거루 마더 케어를 하는 법을 미리 배우고, 이 케어에 대한 확신을 가질 필요가 있다. 그래야 아기가 태어나자마자 이 케어를 하겠다고 주장할 수 있는 것이다.

캥거루 마더 케어가 조산의 합병증에 어떤 도움이 될까?

조산 합병증은 전 세계 신생아 사망의 29%를 차지할 정도로 신생아 사망의 큰 원인 중 하나다. 많은 미숙아가 저체중으로 태어난다. 저체중은 미숙아를 죽음으로 이끌 수 있을 만큼 치명적이다. 따라서 아기를 살리기 위해서는 합병증의 초기 진단 및 치료가 필수적이다. 더욱 중요한 것은 아기의 생존 확률을 50% 이상 높이려면 최대한 일찍 캥거루 마더 케어를 시작해야 한다는 것이다. 미숙아는 대부분 33~37주 사이에 태어난다. 이런 아기를 살리기 위해서는 강도 높은 간호가 필수다. 이러한 간호에는 아기를 먹이는 것, 따뜻하게 해 주는 것이 포함된다. 감염, 황달 및 여러 문제점도 주의를 기울여서 조기에 발견해야 한다.

캥거루 마더 케어는 이러한 미숙아 간호의 중요한 일부분이다. 미숙아를 출산하고 아기에게 필요한 수준의 간호와 지원을 해 주지 못한다면 치명적인 결과를 초래할 수 있기 때문이다. 33주가 되기 전에 태어나

1.5kg 미만의 체중을 가진 아기가 가장 위험한 상태라고 할 수 있다. 이런 아기는 호흡에 문제가 있을 수도 있다. 하지만 캥거루 마더 케어를 하면서 잘 먹을 수 있고, 또 스스로 젖을 찾아 물 수도 있다.

저체중이란 2.5kg 미만의 체중을 일컫는다. 이런 저체중은 미숙아가 아닌 정상아라도 성장 더딘 경우에 나타날 수 있다.

저체중과 조산을 완전히 방지하기 위한 기적적인 해답은 없다고 보는 게 맞겠다. 하지만 엄마들은 캥거루 마더 케어를 함으로써 아기가 성장하고 발달하는 걸 도울 수는 있다. 연구에 의하면, 미숙아나 저체중 아기에게 이 케어를 해 주는 것이 전체 신생아 사망률을 크게 감소시킨다.

캥거루 마더 케어의 매력은 이 육아법이 간단하면서도 효과적이라는 데 있다. 더군다나 어느 장소에서 실시하든 큰 비용이 들지 않는다. 신생아 사망률에서의 놀라운 효과와 더불어, 이 케어는 부모와 아기 사이를 아름답게 연결하는 역할을 한다. 부모와 아기 사이에 정서적 애착을 키우게 되는 것이다.

이른둥이 권리장전

1. 한 인간으로서 합당한 대우를 받을 권리가 있다.

2. 안전과 안정이 보장되는 의료체계를 통해 태어날 권리가 있다.

3. 건강 상태에 맞는 치료와 지원을 받고, 고통 완화요법을 받을 권리가 있다.

4. 가족은 아기와 직접적이고 지속적으로 접촉할 권리가 있다.

5. 모유 수유의 혜택을 받으며, 가능한 자신의 엄마로부터 수유를 받을 권리가 있다.

6. 부모는 아기에 대한 모든 정보를 정확히 제공 받을 권리가 있다.

7. 부모는 아기를 키우는 데 필요한 지식과 기술 습득을 위한 지원을 받을 권리가 있다.

8. 퇴원 후에도 지속적으로 개별 관리를 받을 권리가 있으며, 그 계획은 부모에게 설명 통지되어야 한다.

9. 아기에게 어떤 유형과 정도의 장애가 발행하면 적절한 재활 치료를 받고, 필요한 사회적, 심리적, 재정적 지원의 통합 서비스를 받을 권리가 있다.

10. 가족이 필요로 하는 요구 사항은 충족되어야 할 권리가 있다. 이를 위해 정책 관련 담당자나 제3의 기관은 필요한 협력을 해야 한다.

2012년 11월 11일
대한신생아학회 제정

글 | 토니 루스, 나이리 루스
옮긴이 | 김예녕, 이현정
감수 | 배종우
그림 | 이상민

초판 1쇄 발행 | 2012년 11월 19일

편집위원 | 박영배
펴낸이 | 박서경
펴낸곳 | (주)맥스퍼블리싱(맥스미디어)
출판등록 | 2011년 08월 17일(제 321-2011-000157호)
주소 | 서울특별시 서초구 양재동 275-1 삼호물산 빌딩 A동 4층
전화 | 02-589-5133(대표전화)
팩스 | 02-589-5088
홈페이지 | www.maksmedia.co.kr

기획 · 편집 | 박채은 백지영 강찬양
디자인 | 이경미 이수현
영업 · 마케팅 | 김찬우 이인국
경영지원팀 | 장주열 김란
인쇄 | 삼보아트

ISBN 978-89-97449-21-7 13590
정가 15,000원